湖北省公益学术著作出版专项资金资助项目
中国乡村振兴理论与实践丛书

新江南田园：乡村振兴中的景观实践与创新

董楠楠　涂秋风　著

华中科技大学出版社
http://press.hust.edu.cn
中国·武汉

图书在版编目（CIP）数据

新江南田园：乡村振兴中的景观实践与创新/董楠楠，涂秋风著.—武汉：华中科技大学出版社，2023.8
（中国乡村振兴理论与实践丛书）
ISBN 978-7-5680-9345-3

Ⅰ.①新…　Ⅱ.①董…　②涂…　Ⅲ.①乡村规划-景观规划-景观设计-研究　Ⅳ.①TU983

中国国家版本馆CIP数据核字(2023)第142010号

新江南田园：乡村振兴中的景观实践与创新　　　　　　　　　　董楠楠　涂秋风　著
Xinjiangnan Tianyuan: Xiangcun Zhenxing Zhong de Jingguan Shijian yu Chuangxin

出版发行：华中科技大学出版社（中国·武汉）	电话：（027）81321913	
地　　址：武汉市东湖新技术开发区华工科技园	邮编：430223	

策划编辑：刘　卉　王一洁
责任编辑：陈　骏　　　　　　　　　　　　　　　　封面设计：清格印象
责任校对：李　弋　　　　　　　　　　　　　　　　责任监印：朱　玢

录　　排：华中科技大学惠友文印中心
印　　刷：湖北金港彩印有限公司
开　　本：787 mm×1092 mm　1/16
印　　张：10.5
字　　数：252千字
版　　次：2023年8月第1版 第1次印刷
定　　价：99.80元

投稿邮箱：283018479@qq.com
本书若有印装质量问题，请向出版社营销中心调换
全国免费服务热线：400-6679-118　竭诚为您服务
版权所有　侵权必究

中国乡村振兴理论与实践丛书
丛书编委会

总序

全面推进乡村振兴，是中共二十大作出的重大决策部署。全面建设社会主义现代化国家，最艰巨最繁重的任务在农村。坚持农业农村优先发展，坚持城乡融合发展，畅通城乡要素流动，扎实推动乡村产业、人才、文化、生态、组织振兴，正确处理好发展与保护、人与自然和谐共生的关系是实施乡村振兴战略的重要方面。

我国相关文件对"推动农村基础设施建设""持续改善农村人居环境""加强乡村生态保护及修复""构建农村一二三产业融合发展体系"等方面提出了明确的建设要求，注重协同性、关联性、整体性。要做到这些必须科学规划、科学发展，"中国乡村振兴理论与实践丛书"便是在此背景下策划筹备而来。

"中国乡村振兴理论与实践丛书"紧密围绕全面乡村振兴，聚焦乡村建设这一发展主题，着眼于生态宜居，面向乡村建设的难点和关键点，依托不同类型的乡村人居环境，研究中国乡村建设中的理论和实践问题，总结我国乡村建设的实践成果，为我国乡村生态振兴提供理论支持和路径选择。

"中国乡村振兴理论与实践丛书"由4本专著构成：《新江南田园——乡村振兴中的景观实践与创新》《乡村文化景观保护与可持续利用》《面向产业振兴的乡村人居生态空间治理研究》与《鄂西土家族传统聚落空间形态与演化》。前3本分别基于大都市郊区乡村、历史文化景观村落、山区乡村三类乡村所呈现出来的突出问题进行了研究；第4本以鄂西武陵山区土家族传统聚落为研究对象，研究少数民族地区乡村聚落的空间演化机制，从理论角度解读乡村形态的变化，为少数民族地区乡村建设提供理论基础。

2020年5月，经广泛论证，我们决定从乡村建设的视角组织编写此丛书，并陆续邀请同济大学、华中科技大学、华中农业大学等院校的相关学者担任丛书编写委员会委员，召开了丛书编写启动会议，确定了分册作者，经过两年多的努力，于2023年初完稿。

"中国乡村振兴理论与实践丛书"紧靠时代背景，紧抓历史契机，紧密围绕全面乡村振兴，尤其是乡村建设这一发展主题。丛书着眼于乡村人居环境的建设，从"生态宜居"和"留住乡愁"的视角出发，对全面推进乡村振兴中的乡村"硬环境"和"软环境"进行了深入研究。丛书研究了多尺度下乡村文化景观的生物文化多样性，分析与挖掘乡愁的感知与表达，并在应对气候变化问题上提出乡村文化景观的适应性发展策略，为新时代背景下的乡村景观绿色发展与城乡融合发展提供决策建议；丛书以湖北省重要的民族乡村地区为研究对象，提出释放乡村产业要素活力，优化空间结构，突出功能特色，推进民族乡村振兴和山区人居生态环境可持续发展；丛书构建了健康的乡村景观环境系统，立体化地呈现了多样化的景观策略，可供更多的乡村建设与发展借鉴参考。在此基础上，丛书还对我国乡村的自然灾害和人为灾害历史进行了分析，厘清了乡村聚落区域性防御防灾方略，梳理了相应的乡村聚落防御防灾体系，以期为乡村防灾提供有益的参考和借鉴。这些研究都契合新时期乡村建设的发展需要，具有较高的实践指导价值。

在乡村振兴背景下"建设宜居宜业和美乡村"是大势所趋。本套丛书的出版对于实施乡村振兴战略，促进农业、农村、农民的全面发展，实现中华民族伟大复兴的中国梦具有重要的社会意义和经济意义，也希望丛书能够在乡村研究的学术领域做出些许贡献。

2023 年 3 月

前言

　　城乡关系是近百年来在城市规划和风景园林专业领域广为探讨的话题。工业化时代以来，乡村与城市之间的平衡发展关系影响到了区域间的可持续发展。上海乡村，作为中国大都市区典型的空间话题，并非基于传统乡村社会逐步演进而成，更多是基于诸多外力的影响，不同阶段的尝试对于当地乡村景观的发展均产生了深远的影响。

　　上海乡村地区拥有独特的乡土文化和景观资源，作为践行国家生态文明战略的主空间和体现城乡统筹发展的主战场，应凸显江南水乡人文风貌，塑造"有品质的乡村环境、有尊严的乡村生活、有乡愁的乡村文化"，建设成富有江南田园印象、具有时代特征和现代生活元素、令人心生向往和乡愁所系的"匠心极致、品质至臻"的"新江南田园"。

　　本团队有幸从2018年起参与上海市级乡村振兴示范村的相关实践与研究。作为近年工作的经验总结，本书回顾了上海城乡发展历史背景中的乡村产业与景观特征，重点关注了改革开放以来乡村随着城市发展的变迁所引起的景观环境变化。乡村振兴战略实施以来，景观专业开始得到广泛的重视，从风貌、生态和产业角度保障了乡村规划阶段系统性目标的实现。在持续的乡村实践中，景观设计师甚至成为规划实施"最后一公里"的完成者。无论是在整个田园景观的保护，还是特定文化风貌的延续，甚至是一家一户的小庭园创建中，景观设计师衔接了不同的尺度、专业知识和乡土技艺，进而催化出了多样化的地方性策略与工作模式。在上海的乡村景观规划实施工作中，不仅有各类规划、设计专业工种的合作，还包括了文化、艺术和运营团队的融合共创。随着全域化土地综合整治的推进，多专业协同的生态修复项目也成为近年来景观设计师参与支持的新领域之一。

　　本书共分为七章。第1章梳理了上海乡村的历史演进；第2章着重介绍上海市推行的美丽乡村、乡村振兴等政策的主要内容和实施路径，系统梳理了乡村政策发展的脉络；第3章主要介绍了目前上海乡村在景观治理方面主要依据的导则，以及导则引导下的典型案例；第4章从文化延续与文化参与的角度，从乡村项目尺度、乡村生活圈尺度与乡村公共艺术节尺度分别介绍了上海乡村景观更新的内在驱动力；第5章主要从乡村生态修复的角度展开论述，分别阐述了土地整治中各类生态要素的治理方法以及治理路径；第6

章以水库村为具体案例，围绕乡村生态修复、乡村文化事件、乡村文化地图等多个方面，全方位介绍了新江南田园目标的振兴措施；第 7 章围绕目前上海郊野景观面临的挑战与未来发展趋势，对乡村景观建设提出了探讨。

相比于乡村振兴中景观工作的快速推进，现有的人才培养亟须引入最新的实践经验与前沿案例。基于近年来本团队在上海乡村振兴方面的景观专业教学和研讨的经验总结，本书致力于为大都市区郊野背景下的乡村景观规划的设计和研究提供借鉴与参考，不足之处敬请各界同仁与专家斧正。

感谢彭震伟、高璟、王红军、栾峰、姚栋、陆嘉、张丹、苏冰等为项目提供支持。

感谢王咏楠、张丽云、叶俊、张杉杉、魏维轩、陈倩、孙同贵、余娇、万旻敏、黄瑞勤、费莉媛等参与本书的撰写。

感谢符思熠、刘知为、宋昊洋、王蓉蓉、王雪玲、郑梦琳、朱瑞琳、李耀成、陈梦璇、陈俊延、董宇翔、邹清华、查佩君、喻恬恬等提供素材资料。

著者

2023 年 5 月

目录

1 上海乡村的历史演进

■ 乡村发展的历史特征
■ 城乡的二元发展

1

　　自古以来，长江三角洲地区便具有独特的文化风格，上海地区 ① 的乡村也逐渐形成独特的新江南田园风格。本章从上海地区的整体发展与城乡关系的变迁入手，具体介绍了上海市从 1949 年到 21 世纪初的乡村建设演变，包括上海乡村形成期、快速发展期、城乡统筹期三个不同阶段的发展情况与规划建设内容。

1.1　乡村发展的历史特征

1.1.1　上海乡村的整体环境

　　传统乡村聚落景观形成有特定的环境背景，包括自然环境因素、经济因素、文化因素、技术因素等，众多的影响因素相互交织，推动着上海乡村聚落景观风貌的成形。

　　上海地区位于北纬 30°40′ 至 31°53′，东经 120°52′ 至 122°12′。北界长江，东濒东海，南临杭州湾，西接江苏、浙江两省，地处长江三角洲东缘。上海地区属北亚热带季风气候，雨量丰沛，四季分明，冬冷夏热，雨热同季，日照充足，有利于各种农作物生长和畜禽繁衍。

　　上海地区属堆积地貌类型，是长江口地段河流和潮汐相互作用下逐渐淤积成的冲积平原。全境地势平坦，除西南部的佘山、天马山等 10 余座海拔 100 米以下的山丘外，一般海拔在 3～5 米间。沿江沿海的嘉定、川沙、南汇、奉贤和金山南部等地，海拔 4～5 米。西部的大部分地区地势较低，称为"淀泖低地"。上海地区从地势上大致可划分为四部分：东部滨海平原，中部碟缘高地，西部淀泖低地，崇明、长兴、横沙河口沙岛（见图 1.1）。

　　上海地区的气候特征与地形条件形成了该区域水网密布、河道纵横的典型特征。娄江（济河前身）、松江（吴淞江前身）和东江（黄浦江前身）构成了上海水系的前身。

　　上海地区处于太湖的东向泄水区域，从早期的三江水系、吴淞江水系到后来的黄浦江水系都是太湖水东向入海的主要通道，由于水系通道淤堵，在历史上常常造成洪灾。东汉以前，这里常遭上游"江流狂涨"、下游"海潮侵灌"的威胁，是一块"地广人稀，饭稻羹鱼，刀耕而褥"的地区，农业生产水平低下。魏晋南北朝时期，大批北人南迁，修圩田、筑海塘，拓地垦种，土地得到进一步开发，农业生产环境也有一定改善，但生产还不稳定，常遭洪、涝、旱、风、潮的威胁。隋唐时期经过整治水系，完善"纵浦横塘"制，河网化初具雏形，同时兴建和加固海塘，大大减少了旱涝灾害，农业生产条件有了较大改善，生产得到发展，逐渐成为全国有名的"鱼米之乡"。20 世纪前，由于对水利缺乏全面规划和整治，塘浦旧制名存实亡，水系日渐紊乱，河道逐渐淤浅，旱涝灾害不绝，平均每三四年便发生一次水灾、七八年发生一次旱灾，农业生态环境日趋恶化，生产停滞不前。

---

① 本书研究对象为上海地区的乡村，文中"上海地区""上海市""上海"表示一个概念，遵循作者意见全书未做统一表述的要求。

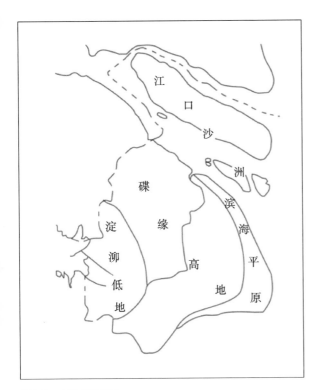

图 1.1 上海地形分区

（来源：根据《上海地质矿产志》绘制，相关内容见 https://www.shtong.gov.cn/difangzhi-front/book/detailNew?oneId=1 &bookId=4502&parentNodeId=55392&nodeId=41551&type=-1）

　　上海地区位于东海之滨，早期聚落的形成与水产捕捞有关，村落主要出现在吴淞江两岸。在唐朝末年，江南地区的水稻生产已被誉称"苏湖熟，天下足"。此时的上海地区形成两大行政单元，以吴淞江为界，南属华亭，北为嘉定。华亭县大量稻米作为贡米运入京城长安，成为江淮酒粮的重要供给地。北宋时因贸易的发展，在吴淞江南岸设青龙镇，后逐渐发展成为大的贸易口岸。南宋因吴淞江支流青龙江淤塞，改泊下游上海浦（位于黄埔江畔），青龙镇衰落，上海开始正式登上历史舞台。元末明初之际，上海的乡村聚落增长迅速，并在空间分布上呈现出与以往不同的特点，在原本聚落较集中的中部地区相继出现一些新的自然村。因地势低洼一直处于荒芜状态的虬江南岸，在嘉庆时期也开始有江淮及黄泛区灾民前来垦荒并形成定居点。而东北部浦江沿岸因兴建衣周塘、淞浦西北岸和东南岸的土塘，将大面积滩地围入，开始有大批人口自浦东、江北等地迁入进行开垦，陆续形成一些小型聚落，此后衣周塘内的地区"乾隆季年由江湾、吴淞两乡分出"。

　　明清时期，特别是 16 世纪以来，上海地区的商业得到了长足发展，农家经营的商品化与市场化，需要合适规模的市镇与之相适应，这就给乡村聚落的发展提供了巨大的空间。这时期各地的草市、村庄逐步发展成为大规模的集镇，如松江府的华亭县、上海县市镇蓬勃发展。有些较大的集镇已经相当繁荣，发展成为市镇，如乌泥泾镇、枫泾镇、朱泾镇、北七宝镇、三林塘镇都有发达的棉纺织业，共同构筑了松江府"绫布二物，衣被天下"的盛况。集镇之间出现专业化的分工，这种分工大都以地缘关系为基础相对集聚分布。

太平天国东征时，一部分无法进入租界避难的民众就近在毗邻租界的本区南部地带开垦荒地定居下来。而杨浦区远离英租界，直到同治二年（1863年）太平天国被镇压后，南部地区才成为美租界的一部分。因此，太平天国时期出现了大量可垦荒地，成为吸引外来人口进入的主要动力因素。1843年11月17日，根据《南京条约》和《中英五口通商章程》的规定，上海正式开埠，外来人口进入导致村落数量增长。这一时期形成村落25个，主要分布在杨浦区中部地带。闸北区仅在中南部地带出现了8个村落，虹口区则没有新聚落形成的记录。清末是乡村聚落快速增长的时期，这一时期共形成村落49个，新增聚落集中分布在闸北、虹口的中北部和杨浦区的大部分地区：闸北区主要集中在大宁、彭浦；虹口区分布在曲阳、江湾；而杨浦区虽各部分都有新聚落的形成，但仍以五角场、殷行等地为多，如殷行就有张家巷、费家巷、陆丁巷、金家宅等村落形成。

1.1.2　上海传统乡村的景观格局

江南田园是上海乡村景观风貌的文化基底，作为一个地域概念，"江南"是动态的。在明代，江南"八府一州"（包括苏州府、松江府、常州府、镇江府、江宁府、杭州府、嘉兴府、湖州府及太仓州）或"十府"（另含宁波、绍兴二府）的区域范围内，有一湖（太湖）、两江（长江、钱塘江）及贯穿南北的大运河。绵密的水网、充沛的水资源塑造了江南温润的气候，保证了稻米的产出，提供了便利的交通，造就了富庶的江南。作为一个文化概念，"江南"是务实、包容的，是兼收并蓄的。因历史上的北方士族三次"衣冠南渡"，江南接纳了来自北方的中原文化。从唐朝开始，江南的青龙港、明州港（今宁波）就开始接纳来自日本、新罗（今朝鲜半岛）的海船。四海交汇、五方杂处的地理优势，促成了移民文化与本土文化的交融，给江南带来了独特的活力。宋朝以后，江南地区渐呈人稠地隘、耕地不足之态，紧张的生存环境迫使江南民众精耕细作、勤勉持家，信奉"讲求精细、注重实效"的理性文化。作为江南的一部分，古代上海偏于江南一隅，唐宋以后渐有发展，其地域文化脱胎于江南，又融入江海文化。

上海地区的古代村落由于地理位置不同，呈现出不同的规模和形态特征。靠近长江和沿海地势较高的地区，村落规模较小，村民以外省市移民为主，村落形态多半表现为孤立庄宅。相反，西部地势较低的地区，多为几十户至上百户的村落，但总体上来看上海乡村村落的规模比较小。

由于早期农业生产技术低下、品种单一，上海地区传统村落职能主要为农民生活、农业生产提供资料。宋代以后，随着农业剩余人口的增加，棉花种植的引入带来了手工棉纺织业的发展和商品经济的发展。上海地区的村落增加了专业化的商品生产功能。不过这种商品生产基本是以家庭为单位，规模通常较小，多为独门独户的生产作坊，其生产目的主要是在家庭人口增加而农田面积有限的情况下维持温饱。在赋税、田租与高利贷等的盘剥下，生产作坊很少有追加投资扩大再生产的可能。

水是上海乡村环境的母体，乡村因水而生，聚落因水而发展。上海传统乡村聚落的建设对自然的适应，更多地表现在与水的关系上。上海郊区广大的水乡古镇就是水文化特征的集中体现。水系是乡村居民生产和生活所必需的资源，古镇居民的生活以水展开，住在水边，乘舟而行于水，水体具有重要的使用价值。上海乡村属于江南水乡。江南水乡不仅农业发达，工商业更为繁荣，纺织、冶铁、造纸、印刷、造船、陶瓷等产业蓬勃发展，极大地促进了商业和城市的繁荣。经济发展为江南水乡的社会发展提供了雄厚的物质基础，也为水乡文化的昌盛提供了必要条件。崇商重文的传统随着商品经济的发达得到进一步发展，上海乡村聚落在居住形式上融合了商业与文化两种元素，自然与人文并重，形成了独具特色的居住文化。

历史上，上海地区密布的水系因地势基础、形成年代及形成原因的差异，大致可分为 4 种类型：湖泊型，自然型，圩田型，格网型。湖泊型呈现大水面特征。自然型以地势较高、较为成熟的自然水网为基础改造而来，具有走向不规则的特征。圩田型由人工改造的地势较低的泖田改造而来，它由水网连成，呈现距离较大的网格形态。格网型出现得较晚，是随海岸线不断外移而逐步演变而来的，形状为距离较小的细密网格形态。

乡村聚落沿水布局，选址靠近水系的地势较高处。依托不同类型的水系，乡村聚落呈现不同的布局形态。湖泊型水系区域的聚落呈现出于高地环湖布局的特征。自然型水系区域的聚落呈现临水均质分布的特征。圩田型水系区域的聚落呈现出环绕圩田四周高地分布的特征。格网型水系区域的聚落呈现出朝向相似、南北成列分布的特征。聚落与水的关系可以分成绕水、临水、抱水三种类型。绕水类型多见于点状聚落，即小型聚落三面或四面环水；临水类型多见于带状聚落，部分临大水面的块状聚落也呈现出这一特点，即聚落沿水展开布局；抱水类型多见于块状聚落，即聚落内部有池塘，且池塘多与水网体系连通。由于水在聚落发展和村民生产生活中所起的重要作用，三种聚落与水的关系的形成均是为了使聚落内各建筑能与水系形成便捷联系。聚落建筑与水之间常有一定的陆地空间，除可减少潮汐、河水倒灌对建筑的影响和改善建筑基底的潮湿问题外，还在河道这一交通空间和建筑这一居住空间之间留下了户外生产、生活的过渡空间，如晒场、菜园等。

上海属长江三角洲冲积平原，地势平坦，海拔较低。受长江和海洋的影响，东侧和北侧的海岸线淤涨，不断向外拓展，南侧海岸线受侵蚀，不断向内收缩，逐步形成现在的陆域形态。上海的陆域以古海岸线"冈身线"（外冈—南翔—马桥—林—泾）和长江分界，形成特征鲜明的西部湖沼平原、东部滨海平原、崇明沙岛平原三种截然不同的地貌类型，由于水系形态和生产生活方式的差异性而形成不同特征的乡村聚落格局。

"冈身线"以西地区（主要包括嘉定、青浦、松江、金山等区）形成陆地的时间较久，拥有大量景色优美的天然湖泊湿地，大小河道纵横，水网密布，村落与集镇依水而建，体现出沿密集水网分布的高密度聚落特征，属于典型的江南水乡地貌。

"冈身线"以东地区（主要包括宝山、浦东、奉贤等区）伴随着先民的生产与生活逐步拓展成陆地，其地貌形态与地域文化均受到以渔业、盐业为代表的海洋文化的影响，水塘散布、河渠纵横、水网密度不高，乡村聚落沿水塘集中分布。

崇明三岛地区（即崇明、长兴、横沙三岛）作为长江河口冲积岛，地势平坦，围垦大堤圈层式向外扩张，开垦形成广袤的良田。全岛水渠农田形态平直，乡村聚落沿水渠分布，地貌呈现典型的江海交汇处的生态湿地景观及开阔平坦的万亩良田景观。

1.2   城乡的二元发展

1.2.1   20 世纪 40 年代的乡村建设探索

根据 1929—1937 年上海（特别）市土地局编制出版的地图，当时上海被划分为吴淞、引翔、殷行、江湾、闸北、彭浦、真如、蒲淞、沪南、漕泾、高桥、高行、陆行、洋泾、杨思、塘桥、法华等 17 个区，总面积约 610 平方千米（见图 1.2）。1946 年提出的"大上海都市计划"体现了统筹城乡的空间战略思想。规划

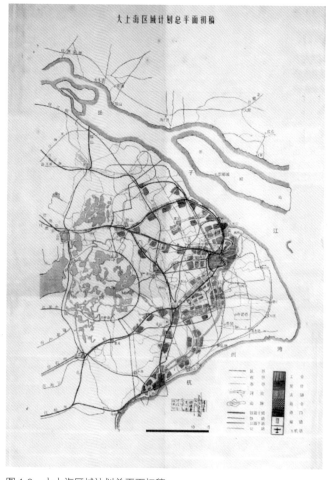

图 1.2   大上海区域计划总平面初稿

（来源：张玉鑫，熊鲁霞，杨秋惠，等．大上海都市计划：从规划理想到实践追求 [J]．上海城市规划，2014(3):14-20.）

不仅考虑了已实现城市化地区的道路交通，也对农村地带的道路系统提出了规划设想："公路第（6）号，由乍浦经松江，太仓，福山，而达江阴，此线为本区之农作地带环形公路线，同时将福山及江阴等地之农业港，与本市联系。"规划提出环城绿带除布置园林、体育场所及其他游憩地带外，还包括菜地和农田，在市区外 15 千米的范围内，发展家禽农场，使城市副食品就近供应。规划还提出现代农业经营的理念——"故欲保留郊区之农业地带，必须采用现代之农业经营方式，利用优良品种及温室栽培等方法，以提高产品价格及土地使用价值，俾业主乐于保持农业经营"。

1.2.2　20 世纪 50 年代的乡村建设探索

上海解放以后，开始提倡疏散上海的消费性人口到相对闭塞的内地去，提出要"重新开始由城市到乡村，城市领导乡村时期"。

1949 年 8 月，上海市人民政府设立了市郊行政办事处，并设财政、民政、文教等部门。1950 年 11 月，《城市郊区土地改革条例》颁布后进行土改工作试点。上海郊区出现了"半工半耕"的生产方式。1953 年，国家实行计划经济政策，上海的副食品供应出现紧缺。1958 年，为了保证上海市区的农产品供给，江苏东南部十县被划入上海行政区划，包括原江苏省松江专区 9 县（上海、嘉定、宝山、松江、金山、川沙、南汇、奉贤、青浦）和南通专区的崇明县先后划归上海市管辖。到了 1959 年，国务院批准将江苏省的嘉定、上海、松江等 10 个县划归上海，上海市域面积从原来的 606.18 平方千米增至 6185 平方千米，奠定了今日上海乡村地区的版图。

1. 上海乡村的区划调整及建设目标

1956 年，毛泽东主席发表《论十大关系》，要求好好利用和发展沿海工业的"老底子"以支持内地工业。上海市委员会（简称上海市委）及时提出了"充分利用，合理发展"上海工业的方针。上海市规划建筑管理局在新的形势下编制了《上海市 1956—1967 年近期规划草图》，提出原有沪东、沪南和沪西三个工业区内的大部分工厂可以就地建设、改造，并建立近郊工业备用地和开辟卫星城。

1959 年，上海市人民委员会邀请建筑工程部规划工作组编制完成《关于上海城市总体规划的初步意见》，提出了"逐步改造旧市区，严格控制近郊工业区的发展规模，有计划地建设卫星城"的城市建设和发展方针，并编制了《上海区域规划示意草图》和《上海城市总体规划草图》，如图 1.3 所示。

这一时期的上海市被规划为"在妥善全面地安排生产和保证人们日益增长的需要的基础上，工业进一步向高、精、大、尖的方向发展，不断提高劳动生产率，使上海在生产、文化、科学、艺术等方面建设成为世界上最先进美丽的城市之一"。为此，1959 年的上海城市总体规划在市域空间布局时提出压缩旧市区，控制近郊区，发展卫星城镇。卫星城镇作为接纳从市区疏散出来的工业和人口的基地，每个基地容纳 10 万人左右，并各自形成基本独立的经济基础和大体完善的城市生活。除已有的闵行、吴泾、嘉定、安亭、松江外，新规划卫星城 12 个，即北洋桥、青浦、塘口、南桥、周浦、川沙、朱泾、枫泾、奉城、南汇、崇明、堡镇。

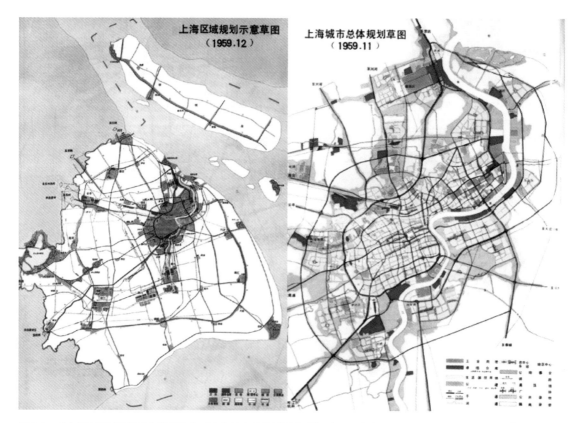

图 1.3　《上海市区域规划示意草图》和《上海城市总体规划草图》（1959 年）

（来源：https://www.planning.org.cn/news/view?id=8093）

　　上海的城市规划以新城的建设为主导，乡村的农业与地缘位置在建制开始就呈现极强的城郊属性。但此时的上海农业生产模式较当时国内其他地区的乡村区别不大。在上海城郊型农业中，自给自足的自然经济占据主导地位，商品性生产较为薄弱；农业生产仅为满足基本的食品保障需求，农产品基本为粮食蔬菜，农业生产前期以种植业为主导，后期畜牧业有所发展后出现生猪、家禽养殖，总体上产业结构较为单一。

2. 乡村聚落规划：集中式与分散式

　　在借鉴了苏联工人社区规划模式的基础上，上海开始探索自己的乡村规划模式。这一时期的乡村规划可分为宏观尺度和微观尺度两个层面。

　　宏观尺度的用地规划，包括工农产业布局、居民点布局、基础设施布局（如水、电、交通线路等）、生产设施布局（如农机站、水闸等），也就是乡村生产发展计划在空间中的投射。上海乡村的空间规划采用自由组团的方式，注重与上海地区密布的河网相结合。居住组团可以沿河或跨河分布，并利用天然河道划分空间，因此一定程度上延续了上海郊野地区河网密布的自然风貌。

　　而微观尺度则是根据政府提出的"园林化"和"环境卫生"的要求，建成宜业宜居的新型乡镇和农村居民点，包括居民点空间规划，以及居住房屋、生产建筑和公共建筑的设计。农村居民点中的住房，由集体统一投资、统一建造，这是一种与农民自建房屋截然不同的建造模式，产生了新的乡村住宅类型。设计师们采用了住宅标准平面的设计方法，这种方法被广泛运用于城市住宅设计，但也刚好适应当时乡村的集体建房模式，能使建造者更好地把控造价和产出，提高工作效率，很好地解决了当时建设任务多、专业技术人员少的困境。其中居民点的规划主要分为集中式与分散式。

集中式的布局主要来源于"消除城乡差距"的设计理念。如1958年上海"七一"公社规划中提出，逐步实现像花园一样美丽的、像最现代化的城市那样方便的新城。这样的规划理念曾在20世纪50年代的上海乡村地区占据主导地位，如同济大学城市规划教研组为上海市闵行区为代表的五个公社所做的远景规划都采用了集中式布局，规划人口达10万，全社设置若干个万人居民点，居民点设置许多公共建筑用地，用来建设大礼堂、文化宫、影院等文化服务设施。

另一种生产方式则为了便于农业生产，将居民点分散，每个工区与生产大队建设一个居民点。其中生产大队是制定粮食与种植计划、统筹农业生产的单位，工区则是生产大队负责的生产范围。如青浦区红旗人民公社和闵行区"七一"人民公社就是采用的分散式布局（见表1.1）。分散式的居民点布局规划是要将乡村建设成高效的农业生产单元。设计者根据耕作半径和劳动指标量化居民点的规模和分布，本质上是将劳动力进行再分配，使其与土地资源相匹配，实现生产力最大化。这种规划方式更加符合这一时期上海乡村的发展需要，随着国家对乡村生产力的重视，乡村规划的总体布局逐渐统一采用分散式的布局。在实施阶段，居住点的规划同样考虑到融合当时自然村的分布情况，将新建居民点靠近原有自然村，便于新村辐射更多村民人口。

表 1.1　分散式布局的人民公社

名称	青浦区红旗人民公社	"七一"人民公社
总图		
总面积 / 公顷	6600(估算)	6905

续表

名称	青浦区红旗人民公社	"七一"人民公社
总人口	约3万人	10.23万人
居民点设置	朱家角镇为社中心，有人口13000多人；另每个工区设一居民点，居民点人数为1500～2000人	居民点分层级：北马桥社中心居民点有4个队中心居民点，17个普通居民点，每个居民点人数为4000人左右
居民点面积	各工区居民点7.5～10公顷（推算）	社中心居民点25.20公顷；队中心居民点14.70公顷，普通居民点10.5公顷（公共用地面积不同）
人口密度	200人/公顷	社中心居民点159人/公顷；队中心居民点272人/公顷；普通居民点381人/公顷

（来源：刘璐茜，张劭祯. 建国初期上海郊区乡村规划探析 [J]. 城市建筑,2021,18(25):36-41.）

居住小区模式下，构建生活单元的方式被运用于乡村居民点的规划中，设计者参考农业生产组织的结构将居民点划分为多个层级。如长征人民公社，每个生产大队规划一居民点，每生产队设立一个小区，各级集体设立不同层级的公共服务单位；生产大队开办学校和供销社，生产队则开办食堂、澡堂等，实现公共资源的圈层化配置。为了方便居民对公共资源的获取，各个生产队的住宅建筑围绕公共服务建筑排布，各个生产队的居民点建筑组团则围绕生产大队组团排布，形成多层级的向心性空间结构。

上海市北郊区塘南乡（位于今上海静安区）的先锋农业社位于当时彭浦区附近，该社分为五个分社，以种植供应市区所需的蔬菜与牲畜为主。在农民新村的规划布局中，先锋公社被分为12个居民点，居民点之间用绿化分隔，间隔距离为15～20米，每一居民点为一农村生产队，住36户（200～250人）。配置一套完整的生活福利设施，包括公共食堂、老虎灶、浴室各一个、公共厕所两个、洗衣晒衣场两个（见图1.4、图1.5）。

这时乡村规划的主要任务是农业增产与农民生活水平提升，在村庄环境与风貌方面仍处在初级的、城市化的阶段，尚未关注到乡村地区生态空间的保护问题。

20世纪70年代，上海仍保留着每户人家有着一片茂盛的竹林或宅前宅后植树的农村景色。农民住宅建筑形式体现更为明显，如金山廊下圆角山墙和白墙灰瓦。农民宅前宅后类似上海弄堂的建筑空间，以及打谷场这样的农民交往交流议事的空间形式得到保留与再创造。庙、塔、名人故居、良渚文化时期的人类生活遗址等保留良好。

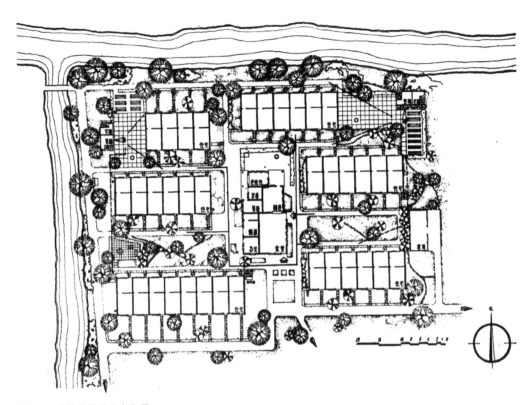

图 1.4　先锋公社居民点布局

（来源：王吉螽.上海郊区先锋农业社农村规划 [J]. 建筑学报 ,1958(10):24-28.）

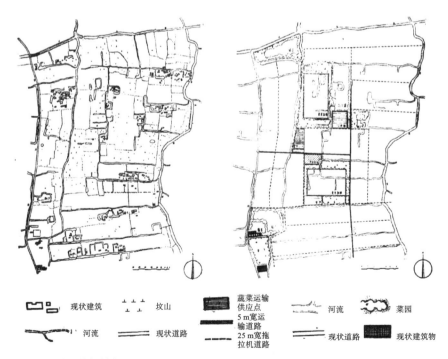

图 1.5　先锋公社规划布局

（来源：王吉螽.上海郊区先锋农业社农村规划 [J]. 建筑学报 ,1958(10):24-28.）

1.2.3　20世纪80年代至20世纪末的乡村建设探索

在20世纪70年代末期，上海市形成了明确的城乡二元关系。随着新的卫星城的建设，城市开发的边界向乡村郊野地区发展。在"对内开放，对外搞活"政策方针的指引下，上海乡村的外向型经济同样得到快速发展。截至1998年底，郊区乡镇企业已达2万多家，农村工业已经成为农村经济的支柱产业，上海农村地区增加值中外向型经济的比重达到18%，比20世纪80年代中期提高了约12个百分点。1999年上海市城市总体规划如图1.6所示。

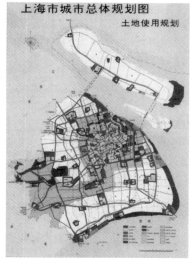

图 1.6　1999年上海市城市总体规划
（来源：https://www.planning.org.cn/news/view?id=8095.）

1979—1994年的15年间，全郊区"四旁"[①]树木保存数增加了53.1万株；有林地面积增加了13913.3公顷，增长1.76倍；活立木积蓄量增加了72.04万立方米，增长1.17倍；森林覆盖率提高4.52个百分点。

1992年起，随着城市的扩展，上海近郊菜地面积迅速减少，菜地向中远郊转移。1996年，全郊区共有各类农业生产直接用地32.81万公顷，各主要农业用地的类型有耕地、菜地与园地。耕地面积占农业生产直接用地面积的96%，耕地又以水田为主，在现有31.51万公顷耕地中，水田为29万余公顷，占耕地总面积的92%左右；菜地1.27万公顷，占4%左右；旱地1.2万公顷，占4%左右。在上述三类农业用地的分布情况中，上海郊区的耕地水田分布十分普遍，远郊因垦殖指数较高，水田普遍多于近郊地区。菜地原主要集中分布于近郊环中心城市外围地区，随着中心城区外延扩张对菜地征用，新增菜地布局于中远郊地区，逐渐形成了近、中、远郊相结合，大分散与小集中相结合的合理布局。旱地多为零星的土地、河道整治的堆土地以及分散的农村自留地，布局相当分散。上海郊区耕地的整体质量较高，旱涝保收耕地占耕地总面积

---

①"四旁"指村旁、宅旁、路旁和水旁。

的 96% 以上，有 23.33 万公顷优质粮田和 1.27 万公顷菜地被列入了农田保护区。

上海郊区园地较少，1981 年为 0.45 万公顷，1996 年增至 0.93 万公顷，以果园为主，另有少量桑园。市郊果园以桃和柑橘为主，葡萄和梨为辅，也种植了少量枇杷、无花果、猕猴桃等小品种水果。桃园相对集中分布于南汇和奉贤两县，其次为青浦县，其他各县区多为小型桃园，数量也较少；柑橘种植园则集中分布于宝山的长兴、横沙两岛和南汇、崇明两县，其次是奉贤、闵行和金山，其他各县区较少，分布也比较分散；少量桑园则主要分布在金山区部分乡镇。

1.2.4　21 世纪初期的上海乡村规划

在乡村用地与产业发展方面，2006 年，党中央发出建设社会主义新农村的号召，上海提出"1966"城乡规划体系（1 个中心城，9 个新城，60 个左右新市镇，600 个左右中心村）。全市大力推进新农村规划建设，并对中心村规划提出指导要求。区县规划编制形式包括：全区新农村规划，自上而下涵盖多个规划层次，包括全区中心村体系规划、镇域中心村体系规划和集中居民点规划；全镇新农村规划，包括各中心村村域规划和集中居民点规划；单个村庄的新农村规划。村庄改造分为整体改造、整治改造、保护改造、环境改造四种类型。规划层次涵盖全区中心村体系规划、镇域中心村体系规划和集中居民点规划，包括产业、用地、开发指标体系、公共设施、绿化、交通、市政、环保、分期和整治规划等。2010 年至 2019 年 10 年间，上海乡村建设用地有所下降；在村级组织用地方面，上海行政村平均建设用地面积缓慢上升，2015 年达到峰值后持续回落，自然村平均建设用地面积则呈现类似趋势。乡村地区利用当地的自然和人文资源发展旅游业，例如，开设农家乐、民宿等旅游项目，这些项目不仅为当地农民提供了新的就业机会，也带动了当地经济的发展。在旅游开发过程中，乡村地区注重旅游设施的建设和完善，许多乡村修建了旅游服务中心、停车场、旅游厕所等设施，为游客提供了更加便捷和舒适的旅游体验。同时，上海市还推出了一系列的乡村旅游活动和节庆活动，如农家乐体验、果园采摘、传统手工制作等，这些活动不仅丰富了游客的旅游体验，也进一步推动了乡村经济的发展。

在乡村基础设施方面，从 2007 年的《上海市郊区新市镇与中心村规划编制导则》到 2010 年的《上海市村庄规划编制导则(试行)》，乡村公共服务设施的配置都是以行政村人口规模的千人指标进行刚性管控的。2015 年《上海市郊区镇村公共服务设施配置导则（试行）》提出"基本必配＋高能级选配"的村庄设施类型，对行政村"三室两点"（村委会办公室、医疗室、老年活动室和便利店、健身点）进行刚性管控。过去十几年，上海以行政村为单元对公共服务设施进行底线管控。随着不同村庄发展特征的多样性，村民需求的日益丰富，出现了养老、网购、直播带货等新的形态。在"人民城市"重要理念指引下，乡村公共服务设施配置思路和标准需要与时俱进，以满足村民的差异化需求和村庄的多样性发展。随着乡村基础设施和公共设施的改善，上海乡村地区的景观得到了极大的提升。农村地区的房屋经过改造和升级，变得更加宽敞明亮，道路和桥梁也得到了修缮和维护，大量的公共设施如公园、广场、文化中心等也得以修建。这些设施的建设不仅美化了乡村的环境，也极大地丰富了村民的精神文化生活，提升了乡村地区的整体形象和生活品质。

在乡村风貌与环境提升方面，2001—2017 年间上海市出台了一系列关于乡村景观发展的政策。这些政策主要围绕如何改善农村环境、提升农村经济发展水平等方面展开。从 2008 年开始，上海市推出了"百万亩生态公益林建设"项目，旨在通过种植大量的树木和花卉来改善农村的生态环境，通过纵向补偿模式，调节公益林、基本农田、水源保护地等发展薄弱区域，使生态经济价值的外部性内部化。在实施过程中，政府加大了对生态公益林的建设和管理力度。政府与农民签订合同并给予补贴奖励，鼓励农民积极参与植树造林；加强监管和维护生态公益林的正常运转，避免树木乱砍滥伐的现象发生；同时，积极引进优质树种，丰富树种结构，提高森林质量，有效改善了农村地区的生态环境，提高了空气质量。2013 年，上海市立项了第一批市级土地整治项目，围绕"田、水、路、林、村"开展综合整治，至 2018 年已实施 11 个市级整治项目，完工 8 个，整治规模达 7800 公顷。2016 年，上海市提出了"农村生活污水治理三年行动计划"，旨在解决农村环境污染问题，提升农村环境质量。该计划主要针对农村生活污水治理问题，通过建设污水处理设施、完善污水管网等措施，实现农村生活污水的有效处理；鼓励农民自愿参与污水治理工作，并给予一定的补贴奖励；与各区县签订责任状，并设立了专项资金用于支持设施建设和管网维护等工作。同时，政府还加强了对污水处理设施的监管和维护工作，确保设施的正常运转。自 2018 年 3 月起，上海市有计划、有步骤地提炼乡村建筑、乡村文化的要素和符号。上海市规划和国土资源管理局结合土地整治项目和美丽乡村建设，开展了"精品村"村庄设计试点，建立乡村规划师制度，加强对村庄发展的分类引导：锁定风貌"保护村"，在现有基础上固化用地格局，进一步提升品质，优化功能；合理确定"保留村"规模，适应村庄发展需求；"撤并村"复垦为农用地或生态用地，实施集中居住，研究多元安置模式。目前，上海正在研究"新江南田园"乡村振兴计划，拟通过整合规划与土地的相关支持政策，建设立足于上海乡村实际、具有乡村风貌特色、可承载江南文化内核的新江南田园乡村，探索"田沃宜耕、水清可灌、径通可至、林幽可隐、景美可赏、人居可适、民富可留、业优可达、乡风可咏"的新江南田园乡村建设路径。

2 上海的乡村振兴建设

- 乡村振兴的政策背景
- 上海的乡村振兴政策
- 乡村振兴的实施路径

2

2.1 乡村振兴的政策背景

进入 21 世纪以后，上海进一步提出农业现代化、农村城市化、农民市民化、城乡一体化的发展目标。上海的城乡定位发生了变化，农村补短板时期到来，形成了城市支持农村、工业反哺农业的发展格局。随着中心城区的制造业和人口向郊区转移，城市的各种公共服务业更多地向郊区配置，使农业发展更注重高效和生态，园区化、工厂式的集约化种养模式开始形成，休闲农业成为市民假日出游的新选择。这些变化都为后续的城乡融合发展奠定了基础。党的十八大以来，围绕"城乡居民基本权益均等化、城乡公共服务均等化、城乡居民收入均等化、城乡要素配置合理化、城乡产业发展融合化"的目标，上海致力于构建以工促农、以城带乡、工农互惠、城乡一体的新型工农城乡关系，促进了城乡一体化发展，新型城乡关系逐渐形成。

随着上海城乡关系从"宽松型"向"紧密型"转变，城乡结构从"城乡二元化"向"城乡有机体"延伸，上海城乡关系进入新阶段，城与乡是一个整体，彼此是平等的主体。乡村的功能定位从过去的工业化配套转变为国际化大都市战略承载，产业发展路径也从依赖城市反哺转变为自成体系、融合共生。城乡融合阶段的乡村，自身特色已经逐渐凸显，与城区的差距也在逐渐缩小。

乡村振兴战略的提出以及《上海市城市总体规划（2017—2035 年）》（以下简称"上海 2035"）的批复，将上海乡村地区的建设发展提到了新的高度。上海市委、市政府出台了《关于贯彻〈中共中央、国务院关于实施乡村振兴战略的意见〉的实施意见》《上海市乡村振兴战略规划（2018—2022 年）》《上海市乡村振兴战略实施方案（2018—2022 年）》等关于乡村振兴的一系列政策性文件。上海在推进乡村振兴战略以来，制定了一系列促进乡村振兴的政策支持体系，主要包括乡村振兴的指导性政策、促进各类要素向农村集聚、改善农村居民生活条件、促进农民增收及提升都市现代绿色农业发展水平等 28 项政策。

上海市人民政府发布了《上海市乡村振兴"十四五"规划》和《上海市乡村产业发展规划（2021—2025 年）》提出打造生态宜居的美丽乡村人居环境。2022 年度上海市农村人居环境优化工程任务清单如下。

（1）提升村容风貌。深入开展村庄清洁行动，持续提升乡村风貌水平，补齐公共基础设施短板，推进农村住房质量提升。

（2）推进绿色田园建设。提升田园环境，加强农业废弃物处置，深化面源污染治理，健全垃圾治理体系，完善环卫配套设施、推动垃圾资源化利用。

（3）提升农村污水处理水平。提高农村生活污水处理覆盖率，推进农村生活污水处理设施的整改验收。

2021年12月，《上海乡村社区生活圈规划导则》正式发布，引导打造宜居、宜业、宜游、宜养、宜学的乡村社区共同体，具体内容如下。

（1）住宅建设方面：①引导农村居民集中居住，有序迁并环境差、规模小、分布散的村庄，优先安排受环境影响严重的村庄居民迁移，采用不同的安置模式。②宅基地归并集中，在集体土地上建设安置小区，注重农居点归并及农村生活条件的改变，注重建设农村、服务农民和提升农业。保护村落空间肌理，开展小尺度、渐进式的更新。③延续与创新传统民居元素，建设体现传统与现代交融的江南人居风貌。④根据不同人群和产业需求进行公共服务配置，覆盖行政、文体、健康、养老等功能，并通过复合共享的设置形式，打造村民家门口一站式服务体系，为不同年龄人群提供自然景观、农事活动等空间。

（2）乡野景观建设方面：①保留延续村落与自然环境相依托的空间特色，结合高标准农田建设和土地综合整治措施，适当调整农田种植结构，营造农田林网，在满足机械化生产要求下营造观赏度高的田野景观。②尊重乡村自然要素肌理，通过保护周边原有自然植被、增加水网连通性、建设中小河道两侧林网等措施，丰富乡村生态多样性，营造有层次的村落景观。③河道优先采用生态化驳岸，种植本土水生植物，适当改造废弃水塘、养殖水面，形成连续丰富的滨水景观。

（3）生态方面：①开展生态环境综合治理、系统治理、源头治理，推动农田、林地、湿地、水质、河道等生态修复，提升生态系统质量和稳定性。②合理利用清洁能源，保障农田灌溉水的循环利用。③通过稻与蛙、兔、蟹的共养，在田间构建生态沟渠，形成生态保育与水质改善功能相结合的复合型农田生态系统。例如，松江区新浜镇市级土地整治项目塘片区，为解决农田灌溉和生态系统薄弱两个根本性问题，以土地整治项目为依托，构建了5.3公顷的农田排水灌排四级净化系统，进行湿地生态重构、蛙类保育等工作，共分四个区块。第一区块架设太阳能泵站来净化水质和种植水稻，第二、三区块保留原有的菖蒲湿地和芦苇荡，其余区块主要用来种植睡莲、荷花、苦草、水稻等浅水植物，既能发挥植物自净水功能，也可实现新增耕地的目标（见图2.1）。

图 2.1　白牛塘生态化土地整治

（来源：《上海乡村社区生活圈规划导则》）

2.2　上海的乡村振兴政策

随着《上海市城市总体规划（2017—2035 年）》的启动，区级层面的区总体规划暨土地利用总体规划（以下简称"区总规"）、镇级层面的新市镇总体规划暨土地利用总体规划（以下简称"镇总规"）的编制工作也全面展开。在"多规合一"的背景下，乡村地区也纳入总体规划中一并考虑。这一阶段，上海郊区编制了多种类型的专项规划，包括保护村选点规划、村庄布点规划、农民集中专项规划、郊野单元规划、郊野公园规划等。这些立足乡村地区的规划在编制期限、编制范围方面各有不同，在编制内容方面也各有侧重。

2.2.1　上海市乡村振兴的总体行动

1. 全面提升农村人居环境

（1）提升乡村规划水平。以郊野单元村庄规划和专项规划作为乡村地区各项建设行为的空间用途动态管理平台，加强生态保护红线等底线要素约束，建立相关专业部门协同审批和管理机制，建立统筹协调覆盖乡村地区全域空间准入和用途管理机制，明确各类建设活动管理路径。

（2）提升村容村貌。实施村庄改造全覆盖，以镇为单位，兼顾村庄内外，深入开展"四清、两美、三有"村庄清洁行动计划。着力整治村域公共空间环境卫生，引导和支持农民美化庭院环境。开展"四好农村路"建设和示范镇、示范路创建工作，推进农村公路提档升级、改造、安全隐患整治年度计划落实落地。持续开展示范村村内道路提升行动，高标准配套建设新建农民集中居住归并点道路，加强道路整体风貌设计，确保路容路貌良好，使其更好地融入村庄周边自然人文环境。实行乡村建筑师制度，提高农房建筑设计水平。实施农村低收入户危旧房改造，建立常态化的农村低收入户危旧房改造申请受理机制，巩固提升改造成果，确保农村困难家庭住房安全有保障。加快推进已批实施方案的"城中村"项目改造，新启动一批"城中村"改造，优先实施列入涉及历史文化名镇名村保护的"城中村"。

上海乡村宅基地房屋是打造新江南田园模式的基础所在，上海乡村振兴示范村在景观实践中，保留江南水乡的底蕴和风貌，按照各区村庄特色进行整体规划，聘请专业设计师开展农村宅基地房屋设计，形成具有江南水乡特色、建筑风格既协调又各具特点、宜居宜业的农村住房。样板宅基地房屋充分考虑农民的诉求，体现区域农村风貌和乡村韵味。示范村对各区的村域特色进行系统分类，以留下乡韵、记住乡愁、传承乡脉为目标，引导村庄特色化发展。

（3）持续推进农村水环境整治。开展农村河道小流域治理。持续加大水环境治理力度，强化农村地区入河排污口的排查整治，建设45个生态清洁小流域。加快农村生活污水治理，推进农村生活污水处理设施建设，农村生活污水处理率达到90%以上，强化对设施运行和出水水质的监督检查，逐步推进老旧设施提标改造。推广专业化、市场化的管养模式，建立以运维效果为导向的考核机制，把绩效目标与养护经费拨付挂钩。推进农业面源污染和农村水环境协同治理。进一步完善农业农村生态环境监测体系，重点加强对乡村振兴示范村周边环境质量的监测，开展农业面源污染排放对水环境影响的监测评估。

2. 开展示范村建设

（1）持续开展乡村振兴示范村建设。聚焦村庄布局优化、乡村风貌提升、人居环境改善、农业发展增效、乡村治理深化，高起点、高标准、高水平地推进乡村振兴示范村建设。到2025年，建设150个以上乡村振兴示范村。进一步放大示范引领效应，形成"政企结合、市场主导"的多元化投入机制和经营机制，强化特色优势产业培育，引进新型生产要素和生产组织，拓展多元产业功能，延长产业链，做好产业联动发展和一二三产业融合发展，发挥产业协同作用。按照村庄特色产业发展需要，配置旅游、休闲等服务设施，开展村庄规划设计，引导村民有序建房，注重乡村整体建筑风貌的统一性、协调性和美观性，形成鲜明的地域特色。充分利用示范村周边现有配套设施，与郊野公园建设选址、运营管理相结合，加强示范村与郊野公园联动发展，形成可持续造血机制。因地制宜、分类施策，开展乡村振兴示范镇试点。

（2）深入推进美丽乡村示范村建设。加强村庄发展的分类引导，改善农村人居环境，保护传统风貌和自然生态格局，开展美丽乡村示范村创建工作。到 2025 年，建设 300 个以上的市级美丽乡村示范村。提升村庄风貌水平，积极推广美丽庭院、和美宅基等美丽乡村建设模式，推进绿色村庄建设，切实发挥美丽乡村示范村在建设、长效管理和乡村治理等方面的示范引领作用。进一步增强美丽乡村示范村建设示范性，确保市级美丽乡村示范村内无污染工业企业，生活垃圾分类收集率达到 100%，生活污水实现"应处理尽处理"，河道无黑臭，无严重影响环境卫生的畜禽散养现象。

3. 持续加强乡村生态建设

（1）扎实推进农业面源污染防治。进一步完善农业农村生态环境监测体系建设。推行绿色生产方式，坚持种养结合，提高农业生产生态效益。继续实施耕地轮作休耕制度，优化施肥结构，推广病虫害绿色防控技术，提高化肥农药利用率。持续推进受污染耕地安全利用，加强耕地土壤污染防治，建立拟开垦耕地的土壤污染管理机制，确保新增耕地的环境质量和安全利用。规范河道疏浚底泥消纳处置，加强河道疏浚底泥还田监督管理，确保耕地质量不受影响。推进农业废弃物资源化利用，无法实现资源化利用的按要求规范处置。优化水产养殖空间布局，合理控制养殖规模和密度，严格管理水产养殖投入，80% 的规划保留水产养殖场完成尾水处理设施建设和改造，促进尾水循环利用。严密防范、严厉打击各类破坏农村生态环境的违法犯罪活动。

（2）持续推进乡村绿化造林和郊野公园建设。结合新一轮农林水联动三年计划和林业专项规划，推进生态廊道、农田林网和"四旁林"建设，落实造林计划。在符合耕地保护要求的前提下，充分利用闲置土地和宅前屋后等零星土地开展植树造林等活动，推进开放休闲林地建设，实施村庄绿化。按照打造"市民休闲好去处"的要求，持续推进郊野公园建设，优化完善已开园运营的郊野公园的配套设施，统筹推进郊野公园建设管理，进一步发挥郊野公园在乡村振兴、生态建设、产业发展等方面的作用，加强景观设计和配套设施建设，在增强野趣和风貌的同时，因地制宜满足市民游憩体验和休闲服务需求，不断提升郊野公园"造血能力"。

（3）加快建设崇明世界级生态岛。坚持生态立岛，丰富生态服务功能，提升生态产品供给能力，塑造崇明特色的乡村风貌。以花博会为契机，着力打造崇明"海上森林花岛"，构建"绿化、彩化、珍贵化、效益化"典范。抓好长江"十年禁渔"工作，加强长江口生态环境的修复和保护。

2.2.2　上海市乡村振兴的区域行动

1. 乡村人居环境治理措施

2015 年，上海市印发《关于进一步加强美丽乡村建设项目整合工作的通知》，各区政府也相继印发了相关文件，标志着上海市正式开展乡村环境治理专项工作。浦东新区强调乡村环境治理工作的重要性。浦东新区农业委员会与浦东新区妇女联合会联合印发的《关于做实浦东新区美丽庭院建设督导推进机制的通知》（浦农委〔2018〕119号），标志着浦东新区全面加速推进乡村人居环境治理工作。上海市相继出台了《关于全面推进浦东新区农村环境综合管理工作的实施意见（试行）》（浦委办发〔2020〕4号）、《关于印发〈浦东新区农村环境综合管理工作考核办法〉的通知》（浦农业农村委〔2020〕10号）、《关于以乡村人居环境优化工程为契机持续推进新区美丽庭院建设的实施方案》（浦农业农村委〔2021〕105号）等文件。实施方案指出，人居环境治理工作以政府推动、群众参与的形式开展，着力优化乡村环境综合管理平台，实现乡村人居环境综合管理持续处于全市领先水平。

2. 绿色田园先行片区布局

为引领上海市乡村产业高质量发展，结合上海市乡村产业发展总体规划和乡村振兴"十四五"规划重点任务，《上海市推进农业高质量发展行动方案（2021—2025年）》重点推进13个绿色田园先行片区建设（见图2.2）。

图2.2 绿色田园先行片区分布示意图

（来源：《上海市推进农业高质量发展行动方案（2021—2025年）》）

绿色田园先行片区情况如下。

（1）横沙都市现代农业综合体发展园（见表2.1）。

表2.1　横沙都市现代农业综合体发展园

序号	先行示范片区	区域位置	发展思路	建设任务
1	横沙东滩现代农业产业片区	横沙东滩	打造智慧农业、绿色生态农业高地	根据横沙东滩土地整理和土壤改良的实施节奏，分步骤、有时序地发展，培育资源循环型绿色、有机种养业，努力保护空间资源，实现发展和保护相统一，提升生态空间综合效益

（2）崇明绿色生态示范区（见表2.2）。

表2.2　崇明绿色生态示范区

序号	先行示范片区	区域位置	发展思路	建设任务
1	崇明现代畜禽养殖产业片区	崇明区新村乡	通过生态循环、智慧农场、农旅交融的模式，实现产业融合发展	以羽蛋鸡养殖产业为支撑，结合周边水稻种植、花果产业构建生态基底，打造崇明种养循环现代农业产业园
2	崇明高端设施农业产业片区	崇明现代农业园区、港沿镇	建设绿色农产品加工基地，打造农产品中央厨房	集成应用绿色生产技术，重点建设一批集花卉、蔬菜、生猪、奶牛、特色水产养殖为一体的智能化、工厂化生产基地

（3）浦东新片区开放合作承载区（见表2.3）。

表2.3　浦东新片区开放合作承载区

序号	先行示范片区	区域位置	发展思路	建设任务
1	浦东生鲜蔬果产业片区	浦东新区宣桥镇、新场镇、老港镇	打造蔬菜瓜果产销联合体和区域特色品牌	集成应用智能化设施装备技术，建设智能化生产基地，建立健全利益共享机制，形成生产、销售、经营一体化的产业联合体
2	奉贤东方桃源综合产业片区	奉贤区青村镇	以"奉贤黄桃"国家地理标志产品为重点，优化升级黄桃产业	打造集休闲观光、农事体验、乡旅文创为一体的田园综合体、花卉等农产品生产基地
3	光明现代种养循环产业片区	奉贤区海湾镇	强化智能装备集成，绿色生态循环，为都市现代种养业发展提供示范	建设爱森海湾生态养殖基地，探索环保配套集中、集约化程度高的养殖模式。建设现代化蔬菜种植示范园，实现全程机械化生产模式

（4）长三角融合发展样板区（见表2.4）。

表2.4 长三角融合发展样板区

序号	先行示范片区	区域位置	发展思路	建设任务
1	青浦绿色生态立体农业片区	青浦区练塘镇	打造立体种养模式，提升农业综合效益	以练塘镇万亩粮田和青浦现代农业园区为核心，积极发展无土栽培和植物工厂，试点水稻、水生作物、特种水产"三水"融合的立体种养模式，实现"美环境""种风景"的目标
2	金山农旅融合产业片区	金山区朱泾镇、枫泾镇、亭林镇	结合高品质农产品供应基地打造农旅融合产业	依托320国道农文旅走廊辐射圈的交通优势，以绿色有机水稻、蔬菜为重点，辅以高品质水果和水产品，结合枫泾镇及周边休闲农业旅游资源，打造高品质农产品供应基地和农业休闲观光区
3	金山特色果蔬产业片区	金山区廊下镇、吕巷镇	培育"金山味道"区域公用品牌	以吕巷水果公园和金石公路万亩特色果园为核心，做大做强廊下中央厨房产业集聚区建设，引进和培育一批食用菌工厂化生产企业，打造集总部、科研、科普、展示于一体的"蘑菇小镇"

（5）嘉宝松闵城乡融合示范区（见表2.5）。

表2.5 嘉宝松闵城乡融合示范区

序号	先行示范片区	区域位置	发展思路	建设任务
1	嘉定数字化无人农场产业片区	嘉定区外冈镇	试点数字化无人农场建设	围绕外冈镇1.7万亩粮田和2.5万头生猪养殖场，实现区域内水稻全程无人化作业，畜禽粪污、秸秆资源实现循环利用，大力提升区域范围内绿色优质稻米产业化率
2	宝山乡村康养产业片区	宝山区罗泾镇	依托母婴康养和绿色农产品打造大健康乡村新产业	以塘湾村母婴康养产业为龙头，海星村千亩蟹塘、花红村绿色米食基地、新陆村绿色蔬菜基地和洋桥村果蔬乡肴基地为支撑，做强母婴康养和绿色农产品上下游产业链
3	松江优质食味稻米产业片区	松江区小昆山镇、五库花卉基地	做精做优"松江大米"区域公用品牌	利用浦南黄浦江水源保护区的生态优势，积极发展稻米产业化联合体，以小昆山万亩粮田为基础，推动农业高新技术的融合应用。建设五库花卉特色农产品优势区。打造"云间吾舍"田园综合体

续表

序号	先行示范片区	区域位置	发展思路	建设任务
4	闵行都市田园农业片区	闵行区浦江镇	为广大市民近距离打造"休闲＋科普"的新生活空间	依托浦江郊野公园、召稼楼古镇、革新村，结合航宇科普教育基地及特色农产品生产基地，串点成线，在浦江镇中东部地区为广大市民近距离打造"休闲＋科普"的新生活空间

3. 美丽家园工程

（1）推进农村人居环境优化工程。

巩固"十三五"农村人居环境整治行动成果，以民心工程为抓手，持续推进农村人居环境面貌提升。建立健全农村人居环境长效管护机制，提高农村公共基础设施和环境管理信息化水平，深化自治共治，加大长效管护资金保障力度，实施工作考核，建立常态化督查机制。完成惠及 3.6 万户农户的村庄改造，对早期实施村庄改造的村开展风貌和功能提升工作，以镇为单位，加强乡村风貌融合。深化农村垃圾分类和收集模式，推动湿垃圾就地资源化利用设施建设和配套装置升级。提升农村生活污水处理水平，推进老旧设施提标改造。推进生态清洁小流域建设，连片实施中小河道整治工程，逐步恢复乡村河湖水系格局。加快推进 700 千米村内破损道路、500 座沿线破损桥梁的改建工程。到 2025 年，实现"农村生态环境进一步好转，基本形成生态宜居的农村人居环境"的目标。

（2）建设市级美丽乡村示范村和乡村振兴示范村。

推动美丽乡村示范村和乡村振兴示范村"由数量到质量、由盆景到风景"转变。推进示范村集中连片建设，将已建、在建示范村串点成线，打造乡村振兴示范片区。促进示范村建设与农业产业的深度融合，做强农业产业，组团式植入新产业、新业态。深化村庄设计理念，修复水系、林地、农田环境，提升整体景观，凸显乡村特色风貌。推动农村体育设施提档升级，示范村实现"一道（市民健身步道或自行车绿道）、一场（多功能运动场）、多点（市民益智健身苑点）"，在村综合文化活动室、村民教室等场所因地制宜配置健身房、乒乓房等嵌入式健身场所。推进示范村功能性服务设施区域共享，发挥对周边区域服务功能，建立参与、决策、监管全过程参与机制。

（3）推进农民相对集中居住和提升乡村风貌。

在充分尊重农民意愿的基础上，通过引导农民相对集中居住，让更多农民共享城镇化地区和农村集中居住社区的基础设施和公共服务资源，促进土地资源集约节约利用，使更多农民群众改善生活居住条件。推进农村"平移"居住点统一规划、统一设计、自主联合建设，保持乡村风貌、建筑肌理、乡土风情，体现上海江南水乡传统建筑风貌，提升乡村风貌和农房建筑设计水平。

2.3　乡村振兴的实施路径

随着国家《乡村振兴战略规划（2018—2022年）》的出台，为落实乡村振兴战略，推动落实"产业兴旺、生态宜居、乡风文明、治理有效、生活富裕"总要求，上海在乡村人居提升、企业社会参与、产业发展等方面进行了大量实践。上海乡村的新江南田园模式在不断摸索中前行。

2.3.1　乡村人居提升

在上海乡村规划的历史上，受限于当时的农业生产力水平，为了满足农民农业生产的便利性，农村居民点的规划以分散规划为主流。但随着农村基础设施建设的发展，分散式的农村居民点造成大量基础设施的浪费。随着农业生产力的提升，乡村的农业发展转向集约化与机械化管理，因此农村居民点又开始转向集中化的发展方向。上海乡村振兴在乡村人居方面的举措以土地整理为抓手，推进居民点集约化，加强生态治理，提升村落风貌。

在推进居民点集约化方面，以第一批示范村为例，闵行区浦江镇革新村、松江区泖港镇黄桥村、金山区漕泾镇水库村、浦东新区合庆镇向阳村等通过平移、翻建等途径，使得230户农户向规划保留居住点集中，150户保留点农户通过布局微矫正的方式实现原址翻建，节地率均达到25%以上，探索形成了一整套可操作的政策、机制和路径，为上海郊区农民相对集中居住的"平移"模式提供了样板。第二批示范村共完成农户签约2429户，其中"上楼"的有1798户，占74%；"平移"的有631户，占26%。总体上看，各涉农区的实践实现了3个"集约"：实现了土地资源集约，各示范村节地率均达到25%以上，预留了建设用地指标；实现了资金使用集约，用足市、区两级基础设施配套补贴、节地补贴等多项补贴政策，减少镇财政资金压力；实现了配套设施集约，将有限的资金集中投入社区服务站、中心卫生室、村民大食堂等设施，打造高品质乡村公共空间。

在加强生态治理方面，各示范村全域开展村庄清洁行动，第一批9个示范村共整治建设用地14万平方米，治理河道水系62千米，绿化植树21万平方米，新建生活垃圾处理设施48处，生活污水处理率达到100%，实现了"田园生活，城市品质"的目标。奉贤区青村镇吴房村、青浦区金泽镇莲湖村、宝山区罗泾镇塘湾村等还注重保留和保护原有的生态要素，创新河道整治施工工艺，修复流域景观，再现了江南水乡的自然肌理。

在提升村落风貌方面，各示范村在房屋新建、翻建过程中注重元素统一，做到组团式布局与乡村自然环境相互融合，其中第一批示范村共计完成农户房屋、庭院风貌改造2343户。例如，浦东新区以规划建设"大三园"为目标，做优、做精、做实"小三园"；各示范村以"洁、齐、美"为标准实现"宅、田、路、水、林"统筹建设；嘉定区举办乡村设计大赛，建立乡村规划师人才储备库，形成乡村规划师咨询服务团队，提高了全区乡村建设的质量。第一批示范村呈现出"白墙灰瓦坡屋顶，林水相依满庭芳"的江南水乡村景和现代田园别墅的时尚风情。

2.3.2　企业和社会资本的参与

企业参与乡村建设主要经历了"输血式"帮扶、"造血式"互惠以及实施乡村振兴行动方案3个阶段。据不完全统计，上海有50余家国有企业（5家央企、20多家市属国企、24家区属国企）与各涉农区、镇、村主动对接，开展形式多样的项目合作，形成了示范村建设型、农商对接型、公共服务建设型、涉农金融服务型等国有企业参与乡村振兴的模式。除了推动国有企业参与乡村振兴外，上海积极鼓励社会资本、民营企业参与乡村振兴。从参与模式看，主要有农业生产经营型、农商对接型、文旅开发型和乡村创业型等。经历了3个阶段的实践，国有企业和社会资本对上海都市现代农业的发展和乡村振兴的推进起到了积极的作用。

社会资本参与乡村振兴最为直接的方式就是设立农业类企业。企业参与到农业产前、产中和产后各阶段，在规模种植、农业机械化服务、农产品加工及流通等方面推进农业现代化进程，同时在延伸农业产业链、促进农民增收、提升乡村基础设施水平等方面也有积极作用，特别是农业龙头企业对农业农村农民的带动作用更为明显。在养老、文化、旅游等新领域，社会资本也积极参与，深入推进产业融合，为上海乡村振兴注入了活力。

1. 参与示范村建设引入新产业新业态

国有企业和社会资本利用其在乡村建设、产业发展、资金等方面的优势，与村集体合作，深化村企结对的模式，全面打造乡村振兴示范村。截至2020年底，上海市121家国企及民企，在28个乡村振兴示范村打造了新产业、新业态，涉及休闲农业、乡村旅游、乡居民宿、总部经济等十余种业态，有力地推动了乡村产业的深度融合。主要包括以下几个方面。

（1）盘活乡村闲置资源，打造产业综合体。奉贤区交通能源集团承担的"港能总部"项目位于西渡街道关港村，用地面积4240平方米，总投资约4500万元，拟建成一个集总部办公、商务会议、休闲娱乐为一体的综合性办公区。承担的郊野公园四大组团项目总建筑面积约17000平方米，总投资约4亿元，拟打造集生态、生产、生活于一体的具有优美郊野乡村风貌的乡村特定功能区，实现总部经济、商业办公、亲子休闲、旅游度假等综合性功能。地产集团与嘉定区华亭镇合作开发了占地10平方千米的"乡悦华亭"项目，通过引入市场资源，探索将联一村建设成乡村振兴的示范区和引领区，通过现金增资的方式，村集体公司以集体建设用地使用权作价入股，实现股份合作、联合开发。

（2）依托现有土地资源，打造特色产业园和科创空间。以国盛集团旗下的思尔腾科技服务有限公司为依托，串联石湖荡镇现有项目资源，引进文创、"产学研"一体化、旅游、会展、康养等各类产业，着力打造以 G60 智慧物流枢纽为支撑的科创空间。

（3）聚焦休闲旅游、康养等新业态，延伸乡村产业链条。崇明东方国际花卉公司参与的崇明区庙镇永乐村市级乡村振兴示范村建设，在永乐村核心示范区连片打造花岛宿集项目，结合康养、教育，通过建设世界级花卉交易中心、打造百亩花海、改造建设一批民宿，与示范区融合发展，构建"种植生产—沉浸式体验—康养—教育"的产业链。如浦东新区连民村 36 栋农宅打造"宿予"五星级民宿，"宿游村"已小有规模；松江区南杨村 77 亩集体建设用地入市；奥园集团投资松江版"拈花湾"高端度假休闲项目；国盛集团在奉贤区青村镇联合镇集体企业、社会资本共同注资成立思尔腾平台公司，整体推进吴房村乡村振兴示范村建设，并引入 44 家企业，围绕"黄桃＋"发展农创文旅、乡村民宿、医药康养等新产业新业态，实现乡村产业深度融合。

（4）参与基础设施建设，改善乡村公共设施状况。①金山区新强村的乡村振兴示范村项目。企业参与示范村道路工程建设，8 条道路除沥青摊铺外均基本完成，33 条河道疏浚及护岸工程基本完成，房屋修缮全部完成，并完成了平移点雨污水工程污水管道。②奉贤区的"四好农村路"项目。竣工通车使得农村路网状况和村民出行条件得到显著改善，消除制约农村发展的交通瓶颈，为农村经济发展和社会进步提供更好的保障。

2. 推进农民集中居住建设美丽家园

农民相对集中居住在乡村振兴全局中处于关键位置，应优化布局，切实改善农民居住条件，为产业发展创造积极条件。市属国企地产企业是参与农民相对集中居住项目建设的重要先行者，主要形成了以下三种模式。

（1）"企业＋示范村"的产业联动模式。该模式以地产集团参与的嘉定区联一村农民相对集中居住项目为代表。主要特征是企业直接参与农民相对集中居住项目建设，同时发挥企业在土地开发利用和管理等方面的经验优势，根据相关规划优化区域土地利用和空间布局结构，促进区域产业发展，通过产业联动，构建资金平衡及长效发展机制。

（2）"基金＋示范村"的整体开发模式。该模式以国盛集团参与的农民相对集中居住项目为代表。主要特征是企业参与乡村振兴区域的整体开发建设及运营管理，将农民相对集中居住项目作为其中的重要组成部分；发挥国企在资本投资运营方面的优势，拓展资金筹措渠道，以国有资本带动社会资本组建乡村振兴基金，采用引入政策性金融机构支持等市场化方式进行筹资融资，通过"产业、基金、基地、智库＋运营"模式，探索资金平衡及长效发展机制。

（3）企业代建、政府回购模式。该模式以地产集团和建工集团参与的崇明区农民相对集中居住项目为代表。主要特征是以企业代建、政府回购的方式推进农民相对集中居住项目建设，企业通过收取回购金实现资金平衡，解决政府资金难题。

2.3.3　产业发展路径

产业兴旺是乡村振兴的重点，是实现农民增收、农业发展和农村繁荣的基础。2021年中央一号文件提出构建现代乡村产业体系，推进农村一、二、三产业融合发展示范园和科技示范园区建设。目前，上海乡村的产业发展已经确立了品牌强农、产业融合与创新产业的发展方向。

（1）品牌强农，凸显"一村一品"。打造"一村一品"、通过品牌助推乡村振兴，是大多数示范村的共同选择。但是由于资源禀赋的不同，每个村选择的切入点又各不相同。①发展特色农业，提升产业能级。例如金山区和平村围绕国家地理标志产品——蟠桃，发展蟠桃产业并创建"皇母"蟠桃品牌，同时带动休闲观光旅游业发展。②传承历史文化，丰富乡村内涵。例如闵行区革新村挖掘中国传统村落和历史文化名村资源，推进红色文化、江南文化、海派文化的呈现和传承，重塑并革新乡魂家训。③立足科技创新，增强发展后劲。例如松江区黄桥村以"集体建设用地入市"的方式，引入临港松江科技城，开发建设以科技创新为核心的特色产业园，实现产村融合。④凸显生态底色，打造美丽乡村。例如金山区水库村发展以水资源为特色的乡村休闲旅游业，引入水上休闲运动项目、循环水生态养殖等精品农业项目，推动产业发展。

（2）产业融合，形成新业态模式。一些示范村在农业经营体系、产业融合方式等方面积极进行探索实践，形成新业态模式，延长产业链。①"农业＋旅游"模式。例如浦东新区赵桥村以桃产业为核心，打造集生态农业、创意农业、休闲农业、农事体验、科技农业为一体的农旅结合模式。②"农业＋康养"模式。例如宝山区塘湾村依据"水清、田秀、林逸、路幽、舍丽"的资源禀赋，在发展现代绿色农业基础上发展母婴康养产业，打造中国首个母婴康养村。③"农业＋科创"模式。例如宝山区海星村与上海海洋大学、上海市水产研究所合作，完成水产养殖区生态化改造，引入河蟹池塘自净零排放养殖技术，建成"产学研"教育实践基地。④"农业＋电商"模式。例如奉贤区吴房村围绕黄桃特色产业，引入盒马鲜生等商业主体，打造"桃你喜欢"品牌IP；搭建自营电商交易平台，形成生产、加工、销售、服务一体的合作经营模式。⑤"农业＋文创"模式。例如宝山区聚源桥村聚焦特色花卉产业，通过拓展企业团建、花艺婚礼、论坛沙龙、文创展示、会务组织等功能，打响产业品牌，推进花卉、旅游、文化产业深度融合。

（3）形成产业化联合体。龙头企业为引领，带动合作社、家庭农场、农户形成"品牌引领—主体联合—产销对接—利益分享"的产业化联合体。例如崇明区永乐村依托药材公司和花卉公司，扶持藏红花骨干专业合作社发展，带动全村500余户藏红花种植户，打造集康养民宿、田园花海、中药养生、中医美容等于一体的产业联合体。

（4）提升休闲农业和乡村旅游水平。上海乡村实施休闲农业和乡村旅游项目提升行动，"十四五"期间重点打造10条休闲农业和乡村旅游精品景点线路，建成20个休闲农业和乡村旅游示范村，改造和新建30个美丽田园精品示范园，推动建设40个乡村特色民宿集聚点，培育50个农事节庆文化活动，推动生态林地开放共享，围绕旅游古镇、特色村落、乡村民宿等，打造一批特色村镇休闲区，计划到 2025 年，年接待游客量达 2500 万人次，农民就业岗位数超过 3 万个。

（5）因地制宜培育发展新产业、新业态。纯农地区，结合特色产品积极打造田园休闲农业，发展林业经济。城乡过渡地区，进一步发挥区位优势，聚焦美丽乡村建设，推进田园综合体、民宿等特色文旅休闲农业发展。城市化周边地区，加快推进农民集中居住，开展城市公园、城市绿肺等建设，探索推进文旅、健康等特色产业发展，鼓励发展人才公寓。推进特色小镇清单化管理，因地制宜培育发展微型产业集聚区，聚力发展特色主导产业，促进产城融合，突出企业主体地位，促进创业带动就业。

（6）发挥产业空间方面的承接优势，更好地承载城市核心功能。探索模式创新，培育与乡村资源相吻合的各类业态，打造产业发展新的战略空间。充分发挥上海自贸试验区临港新片区、长三角生态绿色一体化发展示范区等功能性区域的辐射带动优势，在周边乡村嵌入式布局关联产业集群，集聚一批总部企业和研发中心。探索郊区农村在先进制造业、生产性服务业领域与中心城区、新城形成错位发展，吸引科研院所、教育机构等落户乡村。

（7）依托重大项目、平台和政策，打造特色产业空间。针对农村低效闲置的各类资源，加大盘活利用力度，创新开发模式，鼓励有实力的社会资本进行整体开发，在改善农村面貌和农民居住环境的同时，引入产业内核，形成特色产业空间。依托花博会，加快建设特色鲜明、产业链完整、区域经济带动能力强的市级花卉产业集聚区，积极推进花卉物流服务体系标准化和专业化发展，逐步打造全国花卉市场交易中心，服务高品质生活。

3　上海乡村振兴的风貌引导

3

3.1 郊野景观的探索

建设郊野公园是各国普遍采取的郊野景观策略。郊野公园指距离城市较近的、具有较大面积的呈自然状态的自然景观区域，如山地、森林、湿地、遗址史迹地、生态公益林等，也包括人为干扰程度小的传统农田、村落以及处于原始或次生状态的郊野自然景观等。郊野公园的景观各具特色，但基本上都具备健身、休闲和科教这三大基础功能。郊野公园一般依托自然状态的绿色区域而建，仅施以少量的人工干预，如设置各种不同类型的郊游路径，串联森林、水域、村落、历史遗存和相关服务设施，形成自然与人文交融的郊野景观，以满足城市居民回归自然的需求。

上海市郊野乡村地区的风貌规划设计要素主要由"水、田、林、路、村"组成，"水、田、林、路"四大风貌要素是郊区生态和生产功能的重要载体，构成乡村生态基底，形成共生一体的生态郊野风貌。上海大都市郊野地区是上海最重要的生态空间。

3.1.1 郊野公园的国际经验

1929 年，英国首次提出郊野公园的概念，至今已经形成了较为完善的建设、保护、运营管理体系。对其发展历程进行分析可以明显看出英国郊野公园的显著特征：选址从建设初期的远离城市到景观较好的城市边缘区绿地；满足交通便利的游憩需求；规模占英国国土面积的 12.9%；使用郊野公园的居民有着非常明显的群体特征变化，最初的用户为中产阶级，而后普通工人阶级也加入进来。

德国于 20 世纪 30 年代在城市边缘区开辟了大量以自然风光为特色的野营地，这就是德国"区域公园（regional park）"的前身。区域公园无论是功能属性还是景观属性都与郊野公园相近，是一种以自然景观为主体的空间组织模式，是一条联系都市与乡村的绿色开放空间廊道。德国区域公园的发展始于 20 世纪 80 年代末，时至今日几乎覆盖了德国所有都市区，其中较具代表性的有柏林 - 勃兰登堡区域公园、萨尔区域公园和汉堡区域公园等。德国的区域公园不仅具备初期郊野公园的基本功能，即优化都市区环境和均衡公共利益，还将区域公园定位为大都市的重要物质空间载体和提升都市区综合竞争力的手段，包括美化生活环境、提供户外运动休闲场地、改善生态环境和创造多样化的文化氛围等，以实现大都市可持续发展。

美国的郊野公园在对生态环境进行保护的基础上，更加侧重为市民提供一个休闲娱乐的场所，让公园拥有完善的游憩服务设施，为市民提供更加便捷和丰富的郊野游憩体验方式。其中，为市民在邻近市区的地方提供休闲和教育设施，是郊野公园的基本功能之一。美国的郊野公园数量众多，分布广泛，且位于距离居民住宅区较近的城市近郊地区，方便市民进行日常的休闲娱乐活动。依靠便捷的交通及完善的公共服务设施，人们可以在郊野公园进行散步、露营、野餐、赏景、休憩、骑马、游泳等郊野休闲活动。

3.1.2 上海的郊野公园

郊野与乡村构成了上海生态环境的基底,集中呈现地势平坦、水网密布的地理形态,以及绿水相依、临水而居的环境特色。保护乡村生态格局,修复郊野生态环境,以高品质的自然生态环境建设提升上海大都市环境品质,发展乡村生态教育功能,培育都市生态文化体系,形成绿色发展方式和生活方式,推进上海大都市乡村地区的绿色转型发展,践行生态文明战略具有重要的战略意义。

上海的郊野公园建设是在国家土地整治政策推动下,基于存量规划的思路,以土地整治为平台,实现郊野公园的生产、生态和游憩功能,通过全域、全要素、全地类土地综合整治,创新"增减挂钩""占补平衡""只征不转""拆三还一"等一系列土地政策和模式,协调郊野公园内复杂的土地性质和多头管理权属的关系,解决公园保护管控要求与公园建设的矛盾。郊野公园建设落实最严格的耕地保护政策,不仅保护了大都市乡村生态基底,而且有效控制了不断增长的城市边界,为未来乡村的生态保护和发展奠定扎实的基础。

上海第一批郊野公园有浦江郊野公园、长兴岛郊野公园、嘉北郊野公园、廊下郊野公园、青西郊野公园、广富林郊野公园、松南郊野公园、合庆郊野公园。加强郊野公园建设和管理是上海市落实中央生态文明战略、全面提升城镇化质量、实现"创新驱动、转型发展"总体要求的关键举措。

上海的郊野公园建设对乡村景观产生了积极的影响。首先,通过规划和设计,乡村的自然景观和人文景观有机融合在一起,形成独特的乡村风貌。其次,通过改善农田、林地、水系等自然景观元素,乡村景观更加优美宜人。此外,在郊野公园内开展的各种活动也丰富了乡村景观的内涵。郊野公园将乡村文化、历史、民俗等元素融入公园基础设施和公共服务设施设计,力求实现传统与现代的完美结合,让游客领略到乡村的独特魅力。通过开展各种文化活动,如民俗表演、农耕体验等,游客和村民进一步弘扬了乡村文化传统。

随着乡村振兴工作的推进,相关政策文件强调了郊野公园是保护自然生态和塑造乡村风貌的综合手段,以实现城乡统筹发展、改善市民生活品质和推动乡村振兴。《上海市郊野公园建设三年行动计划(2017—2019年)》提出新建的郊野公园应该注重保护自然生态和乡村风貌,加强生态修复和环境整治。《上海市郊野公园功能提升三年行动计划(2021—2023年)》提出对已建成的郊野公园进行功能提升,加强生态保护与休闲游憩的兼顾、服务品质的提升及多元融合的发展,打造乡村风貌特色,促进乡村振兴。

3.2 乡村振兴中的风貌导则

乡村振兴战略实施以来,上海的乡村经济得到快速发展,乡村的生产生活方式也随之重构。乡村区域的设施配套、道路交通、生产生活环境逐渐趋向现代化。为确保发展与保护并存,上海市相关部门陆续组织编制完成《上海市郊野乡村风貌规划设计和建设导则》《上海市村庄设计导则》《乡村景观环境设计导则》。

3.2.1 《上海市郊野乡村风貌规划设计和建设导则》

《上海市郊野乡村风貌规划设计和建设导则》立足于上海大都市郊野地区的特色与优势，以挖掘和培育江南文化为引领，以守好乡土文化的"根"、留住乡村的"魂"为宗旨，全面提升上海郊野地区的人居环境、文化内涵和景观品质，塑造从上海市域层面出发的整体特色文化风貌，并充分体现上海的历史传承与现代都市的融合特点。

《上海市郊野乡村风貌规划设计和建设导则》分为两册，第一册内容侧重规划设计，第二册内容侧重建设实施。

规划设计部分，以目标为导向，在总目标"生态重塑、文化传承和活力激发"下，将上海郊野乡村风貌"水、田、林、路、村"五大规划设计要素，分别落实到分目标下，从国土空间规划体系的角度通过规划肌理、村庄格局、村宅文化等内容进行控制建设引导。

建设实施部分，围绕问题导向，结合村庄风貌多要素影响、多元主体管理的现实情况，将涉及一般保留村庄的风貌问题，按照分层分要素管理的方式划分为四个板块，具体包括以村民为主体的村宅院落板块、以村镇为主体的道路门户板块、以村集体为主体的公共设施板块以及包括水务、农委、农业企业和村民等多元主体的环境地景板块。

《上海市郊野乡村风貌规划设计和建设导则》重新审视郊野地区发展愿景，聚焦生态、文化、活力、建筑四个方面，从外在形象特色的塑造到内在文化特质的培育，引导郊野地区风貌规划和建设工作，响应了上海乡村风貌"为什么要设计"的问题。具体表现在以下几个方面。

（1）师法自然，生态筑底，尊重自然，保护自然，顺应自然。在深入实施保育修复、挖掘"山、水、林、田、湖"等特色自然要素的基础上，进一步对各类自然要素的规模、形态及生态效益进行拓展和有机组合，构筑大都市郊野地区宽广丰富的生态基底，凸显"绿水相依、田林相伴"的原生态自然风貌和原乡土景观特色。

（2）水墨江南，传承创新。深入挖掘整理郊野地区的物质文化特点和社会文化特色，加强上海地方文化的历史记忆、生活习俗、营造技艺等遗产的传承，塑造文化底蕴深厚的上海"新江南田园"风貌，体现乡村文化特征，培育江南文化载体。

（3）持续助力，幸福田园。构建全覆盖、均等化的公共活动体系，强化弱势群体的基本公共服务保障，丰富郊野地区产业结构，衔接大都市发展对郊野地区功能创新的要求，形成既可体验郊野生活、又能承接功能发展的郊野活动区。

（4）缘江汇海，工笔江南。在挖掘和体现以江南水乡民居为代表的传统建筑元素的基础上，从建筑视觉元素的引导着手，在演化中实现延续与创新，建成既能体现传统意向又能满足现代功能与审美需求的上海郊野地区建筑。

3.2.2　《上海市村庄设计导则》

2018 年以来，按照中央乡村振兴战略的部署，上海立足乡村是"超大城市的稀缺资源，城市核心功能重要承载地"和"上海国际大都市的亮点和美丽上海的底色"的战略定位，开展了乡村振兴示范村建设的实践探索。在第一批、第二批示范村的建设基础上，上海市规划和自然资源局从第三批示范村的建设开始要求开展村庄设计。

《上海市村庄设计导则》主要适用于全域土地综合整治试点。乡村振兴示范村应编制村庄设计规划，保留村、农民集中居住点（城市开发边界外）以及村庄重点区域，在满足相应土地政策的前提下，可按需开展村庄设计。村庄设计的范围原则上为镇域的一个或多个乡村单元，也可按特定区域开展编制，如郊野公园、全域土地综合整治区域等。

《上海市村庄设计导则》明确了村庄设计包括"村域"和"农居点"两个层面，回答了上海乡村风貌"朝着什么方向设计"的问题。

"村域"层面是打造"田""水""路""林"四大景观与"村"相关联的整体乡村风貌。①"田"景应延续村田相间的村落环境，调整种植结构，丰富季相变化，与村落整合布局以适应村民需要，美化农田与村落边界，丰富田间互动体验，合理布局设施农业，并保护田野生物多样性。②"水"景应保护现有河道湿地，延续或恢复自然河道形态，增加水网连通，丰富水上游线，进行水面和塘埂改造，丰富驳岸景观形式，驳岸优选生态化、水岸植物凸显植物乡土化与景观丰富度，充分利用传统乡土材料，鼓励硬化沟渠生态化改造，局部打造滨水游憩空间，增加亲水机会。③"路"景需营造丰富的视觉通廊，结合实际设计农村道路红线节约土地指标，利用复合空间作为临时停车场，增加错车空间，合理规划景观点，丰富道路铺装，延续地方特色。④"林"景需营造宅旁林的层次感，兼顾路旁林的功能性，种植田间林以美化农田边界，优化生态涵养林提升生物多样性，考虑林相设计，尊重植物演替过程，构建合理植物群落，保护古树名木，适当增加必要的小型附属设施与场地。

"农居点"层面是以居住建筑为主的村落风貌设计。村庄入口应塑造自身特色，提升辨识度。民居建筑应提炼和应用地方特色元素，并适应现代生活方式。公共建筑应打造成复合型，塑造乡村核心空间；交流场所应利用小微空间，方便村民使用。乡村桥梁应兼顾交通和景观功能，并充分利用桥头空间，打造公共交流和活动节点。围墙院落设计应丰富形式，打造步移景异的居民点景观；灯光亮化应注意分区分时照明，做好重要建筑和景观节点亮化。市政设施应融入生态绿色背景，展现节能环保的风貌，应充分利用废弃材料，弘扬工匠精神，应着力塑造景观界面，营造诗意田园的意境。

《上海市村庄设计导则》发挥着统筹建设、提升风貌及落实和优化郊野单元村庄规划的作用。在全域、全地类国土空间用途管制的大背景下，村庄设计可以在规划确定的基本格局下进一步落实国土空间用途管制的各类政策要求，提出更加精细化空间布局的优化和整治策略，精准推导空间布局和设计尺度，起到对上衔接郊野单元村庄规划、对下衔接各类建设项目的设计和实施的作用。

3.2.3 《乡村景观环境设计导则》

随着上海第三批乡村振兴示范村通过村庄设计开始走精细化管理道路，陆续出现一些"生态优美，产业兴旺，文化引领"的高标准示范村，上海乡村建设从"环境改善"向"品质提升"方向发展，乡村景观环境也成为体现"乡村品质"的重要内容。但村庄设计更多是以居住建筑为主导的村落风貌设计，对乡村景观环境的细节研究不足，因此，需要引入专业化的乡村景观环境设计开展进一步精细化管理。

乡村景观环境是一个包含产业经济、乡村风貌、空间布局和历史文化的综合体，因此，从景观设计的角度来说，首先需要对乡村景观类型进行分类，再从乡村景观控制要素入手，全面提出乡村景观环境设计细则，对实践起到具体且详细的指导作用。《乡村景观环境设计导则》回应了上海乡村风貌"具体怎么设计"的问题。

《乡村景观环境设计导则》适用于上海村庄规划确定的村域行政范围，包括保护、保留村庄以及根据规划确定的合并集中、新建居住点。使用主体包括城乡规划师、景观设计师、乡村建筑师；城乡规划、农业、水务、绿容、建设管理部门；参与乡村建设的企业、个人。

《乡村景观环境设计导则》系统化思考了如何构建乡村环境景观，对未来上海乡村"品质提升"尤为重要。在村庄范围内细化景观分类，依据不同分类的自身特征，针对性地给出设计导引，起到对上落实风貌导则，横向衔接村庄设计导则，对下指导各类景观环境相关项目设计的作用。

《乡村景观环境设计导则》将上海乡村景观环境类型分为村宅环境景观、道路门户景观、公共场地景观、田野景观、河道景观、林地景观、园地景观以及其他类景观八大类。村宅环境景观包括宅院内部景观、宅前屋后景观两个小类，涉及绿化种植、铺装、设施、院墙四项控制要素。道路门户景观包括门户景观、入村干路景观、入村支路景观、入户巷道景观四个小类，涉及道路标识、停车场地、道路绿化、夜间照明、道路边界、道路铺装、桥头空间、生态雨洪八项控制要素。公共场地景观包括公共广场景观、小游园景观、健身场地景观、公共服务配套场地景观四个小类，涉及绿化种植、铺装、设施配置三项控制要素。田野景观包括稻田景观、湖塘景观、灌渠景观、田埂景观四个小类，涉及生态保护、田间种植两项控制要素。河道景观包括滨水空间景观、驳岸景观、桥梁景观、水体环境景观四个小类，涉及植物种植、铺装、设施配置三项控制要素。林地景观包括景观林、农田防护林、道路防护林、河道防护林四个小类，涉及生态网络功能、植物群落配置、规格控制、抚育优化、演替管理、防火功能、设施配置、复合利用、土壤修复九项控制要素。园地景观包括果园、菜园、花圃三个类型，涉及栽植、铺装、基础设施三项控制要素。其他类景观包括临时性用地景观、乡村能源景观、标识系统景观三个类型，涉及植物绿化、设施配套、材质、色彩、尺寸、图形、文字、基座、使用场所空间等控制要素。

随着乡村规划与实践的不断创新和引领，上海的乡村肌理和风貌特色得以传承和延续，以古海岸线"冈身线"和长江为界形成的风格，奠定了上海新江南田园模式的基底。

3.3 风貌导则引导下的典型案例

3.3.1 《上海市郊野乡村风貌规划设计和建设导则》引导下的乡村风貌实施案例

《上海市郊野乡村风貌规划设计和建设导则》引导下的乡村风貌旨在"全方位展现上海郊野的文化基因，全场景塑造自然优美的郊野格局，多维度提升宜居宜业的场所活力，全过程构建规划建设的管控体系"。落实到实施中，体现在乡村"生态重塑""文脉传承""活力激发""建筑营造"四方面。"生态重塑"指延续具有江南水乡肌理特征的生态景观，重塑优美的都市田园风貌，具体体现为"以水为脉、以林为肌、以田为底、以路为骨"。"文脉传承"指以上海大都市特质的郊野地区文化基因，形成有特色的江南文化氛围，具体体现为"空间肌理巧而美、公共环境朴而洁、传统文化承而兴"。"活力激发"指植入符合郊野地区特质的新业态、新功能，体现大都市特有的城乡融合关系，具体表现为"体现公共服务人本关怀、促进产业全面升级、加强文化旅游体验、发展都市创新产业"。"建筑营造"指植入符合郊野地区特质的新业态、新功能，体现大都市特有的城乡融合关系，具体体现为"聚落绿植相依、院宅层次明晰、建筑分类引导、点亮公共建筑"。

松江区泖港镇郊野地区整体上农田广袤，滨江林带绵延，村庄与河道相依，点缀于农田之中，展现江南水乡田园特色风貌。在"生态重塑"和"活力激发"方面，规划提出形成"五区一带"的郊野风貌格局，明确七彩花田风貌区、泖田湿地风貌区、广袤田园风貌区、现代产业风貌区、浦江森林风貌区以及滨江休闲带各风貌区的发展引导和特色景观。如七彩花田风貌区，以五库休闲农业园为基础，形成以四季不同花卉主题为特色的郊野花田风貌，打造集文娱休闲、乡村体验等功能为一体的综合活动区。在"文脉传承"方面，规划提出单元内的历史文化保护以划定的文化保护红线、古树名木为重点，并结合黄桥楹联文化要素组织开展相应文化节庆活动，鼓励进行艺术化处理和创新，建设营造展示此类文化要素和活动的重要场所。在"建筑营造"方面，规划建议以江南为底、融合现代元素，体现富有乡村风貌特色、承载江南文化内核的"江南田园"建筑风格，突出"粉墙黛瓦"特色，追求轻巧、秀美、雅致的风格，建筑宜选用柔和中性的江南传统白、青、灰、褐和原木色色调。

3.3.2   《上海市村庄设计导则》引导下的乡村风貌实施案例

　　《上海市村庄设计导则》引导下的风貌设计衔接上位《上海市郊野乡村风貌规划设计和建设导则》，村域层面延续"生态重塑""文脉传承""活力激发"要求，在农居点层面对"建筑营造"要求进一步深化，强调以居住建筑为主并初步关联周边环境的村落风貌设计。

　　徐练村位于上海市青浦区练塘镇南部，作为上海市第三批乡村振兴示范村，徐练村风貌设计基于在地的物、事、人，定位以 600 年银杏、万亩良田秋收景象为主，宅前屋后补种色叶树、果树，营造"秋语秋寻"，成为最美寻秋之地；以现状成片竹林为依托，结合名人陈云爱竹、两袖清风的品格，利用竹屋、竹灯、竹具，营造竹里篁居，成为竹居之地；以竹编技艺、民风淳朴以及匠人匠心精神为承载，成为最具匠心之地。

　　村域层面，"生态重塑"体现在构建以农田为基质、村落为斑块、河道及道路为廊道的绿色生态网络；修复驳岸，并在水边补植鸢尾、芦苇等水生植物；由于村内有螃蟹养殖产业，养殖饲料、养殖动物的排泄物等会对水体产生污染，因此设计尾水处理湿地，将养殖塘的水流经湿地以后再排入河道，形成良好的水环境；形成田园道、樱花道、临河道、银杏道、竹林道 5 种各具特色的景观道路，并通过路面"三色"画线，强化道路视觉形象，同时与路边及林下的波斯菊、虞美人、常夏石竹等植物组合，营造乡野氛围。"文脉传承"体现在通过改建存量建筑，形成生态农业馆，展示徐练村的农耕文化和农产品，体现徐练村农业大村的产业特征。同时，收租老百姓闲置房屋作为徐阶府，通过实物还原、陈列等方式再现徐阶的生平，展示了徐练村的乡贤文化。村内房屋墙上随处可见竹子编成的竹筐、竹帽、竹篓等，并通过竹编馆陈列展示不同的竹编产品以及设置竹编体验活动，传承竹编技艺。"活力激发"体现在引导村民参与，践行人本关怀。风貌设计前，通过问卷及访谈调查的形式，征集村民的需求。风貌设计完成后，在村民代表大会和党员代表大会上向村民汇报方案，征询村民意见。建设过程中，与村民积极协调沟通，组织村民参与到建设过程中，比如乡音风吟廊的竹筒，由村民亲自书写，代表了村民对家乡发展的美好愿景。建设完成后，通过公众号对建设节点进行投票，了解村民满意度评价，总结设计及建设经验。

　　农居点层面，首先对 14 户村宅进行平移，在保留原有街巷尺度的基础上，规整村落肌理及其内部公共空间，与已有的良好江南平原型水乡肌理融合，解决部分农居点分布散乱琐碎的问题。并且选取 4 处村宅风貌展示界面，通过统一屋顶及门窗颜色、勾勒窗框门框及檐口的微改造形式，统一白墙黛瓦的村宅风貌，形成"村在田中""村在水旁"的意境形态。同时利用旧房子拆下来的旧砖结合瓦、磨盘、水缸、石槽等，垒砌而成村内"小三园"的大部分矮墙，形成"小三园"围合的多种样式，并在铺装、围墙旁，重复利用旧瓦、磨盘、水缸、石槽等元素，体现乡土趣味。此外新建滨水游步道供村民散步，将村宅内的空场地改为健身点、廊架、小广场等，为村民提供休闲空间，在农田生产区域的路旁，新增乡音风吟廊、万亩良田墙等休闲节点，供村民劳作休息。对原有功能单一的村委会、日间照料中心、卫生室进行功能提升，打造一站式便民服务的社区中心，涵盖村委会（办公、信访接待、党群服务站、综治中心等）、便民服务点（超市、理发室）、老年活动室（阅读、书画、棋牌等）、卫生室等功能空间（见图 3.1）。

图 3.1　社区中心

（来源：本章图片均为作者团队自摄或自绘）

3.3.3　《乡村景观环境设计导则》引导下的乡村风貌实施案例

《乡村景观环境设计导则》在总结上海三批乡村示范村建设成果的基础上，以景观环境设计专业为切入点，提出指导乡村景观环境设计的详细设计导引，横向补充《村庄设计》风貌引导中景观环境方面的内容，助力乡村建设项目实施落地。在延续上位风貌导则的四大风貌象限的基础上，《乡村景观环境设计导则》将乡村景观环境分类为村宅环境景观、道路门户景观、公共场地景观、田野景观、河道景观、林地景观及其他类景观七大类。下面简要介绍上海乡村振兴示范村中的乡村景观环境典型案例。

（1）村宅院落景观（园艺村）。

在庭院入口处通过特色铺装、节点绿化等方式进行强化设计，并根据农民生活习惯安排功能区，各功能区动静、洁污分离，并且保证了交通流线便捷；院内采用多样化绿化和在地化铺装方式，院落树木以特色造型黄杨为主，保留原有珍贵树种，并注重乔木、灌木、蔬果花卉草坪的层次营造，体现了园艺村的造型黄杨特色产业风貌，院落铺装就地取材，使用青砖、原木、竹子、瓦当、石磨等地方乡土材料，并兼顾了材料的透水性和生态性；院墙虚实结合，围墙基础和结构为实、墙身为虚，起到界定庭院空间的作用，又维持了庭院内外的联系；围墙周边进行绿化处理。代表性景观如图 3.2 所示。

（2）门户景观（革新村）。

在入村主路或支路的交叉口设置适宜尺度的特色景墙或景观小品，并配以植物组团点缀景观风貌，门户景观整体特色契合乡村风貌。代表性景观如图 3.3 所示。

（3）入村干路景观（向阳村）。

入村干路景观构建开敞、半开敞、封闭三种植物空间形式，开敞植物空间给予道路两侧景观良好的景观视线，多为上层乔木、下层矮灌木、地被、草花；半开敞植物空间利用乔木与中高灌木密植，遮挡乡村

图 3.2　园艺村的村宅院落景观

图 3.3　革新村的门户景观

主路一侧不良景观，而另一侧采用上层乔木，下层矮灌木、地被、草花的植物搭配方式，保持良好的景观视线；封闭植物空间通过乔灌密植，形成两侧封闭空间，一般起到防尘降噪的作用。向阳村干路两侧的可视景观多为稻田、果园。植物品种以乡土树种为主，具有观赏性及一定抗逆性，同时注意速生和慢生树种的协调。代表性景观如图 3.4 所示。

（4）入村支路景观（吴房村）。

入村支路景观植物空间形式为开敞式，结合村宅墙外或围墙外的绿化，以灌木、地被为主，局部点缀小乔木或古树，铺装材质为砖石搭配瓦片，与菜园或果园的交界处用竹质防护栏规整边界。代表性景观如图 3.5 所示。

（5）入村巷道景观（新南村）。

入村巷道宽度宜控制在 1.5～2 米之间，路面铺装采用条石、块石、青砖、卵石、砂石、弹石等传统材料，

图 3.4　向阳村的入村干路景观

也可利用当地天然材料（如碎砖、碎瓦）。代表性景观如图 3.6 所示。

（6）公共广场景观（塘湾村）。

公共广场景观以场地原有的自然群落样式为基础，北向密植常绿乔木用来阻隔冬季冷风，同时注意常绿、落叶植物搭配，以满足村民对光照的季节性需求；广场铺装使用砖石、防腐木等乡土材料，体现乡土氛围；石、木、竹等乡土材质的休息设施布置在场地周边，满足村民日常聚集交流的生活习惯。代表性景观如图 3.7 所示。

（7）小游园景观（园艺村）。

小游园景观采用点、块、丛、带的植物空间形式，以草皮铺地为空间主色调，以乔木为主构建绿色框架，辅栽灌木，形成错落有致的植物景观；游园入口铺装利用多种材质搭配形成特定样式，起到吸引游客的作用，园路采用砖石、砾石等乡土材料铺设；游戏设施、健身设施位于主园路一侧，具有良好的可达性，休息座

图 3.5　吴房村的入村支路景观

图 3.6　新南村的入村巷道景观

图 3.7　塘湾村的公共广场景观

椅结合游戏设施、健身设施以及园路进行点状布置。代表性景观如图 3.8 所示。

（8）健身场地景观（塘湾村、莲湖村、向阳村）。

健身场地景观结合村内绿化用地、零星用地布置，场地周边进行种植围合，场地内部配置健身器材、休息座椅、夜间照明等基本设施，满足基本的体育锻炼需求，兼顾儿童、老人的活动需求，场地铺装选用生态素土、透水砖、沥青混凝土、塑胶铺面等适合体育活动的材料。代表性景观如图 3.9 所示。

（9）公共服务配套场地景观（吴房村）。

吴房村的停车场地和经营场地景观比较有代表性。停车场地周边种植高大乔木，起到围合空间和遮阳的作用；场地内部地面铺设植草砖，起到提高场地透水率的作用；场地内部单个车位之间搭配种植乔木、地被，起到分割空间和遮阳的作用。经营场地内部有盆栽和片状种植两种形式，采用乔木、灌木、地被、草花组合的方式进行搭配，具有层次感和色彩变化；铺装主要为砖石、防腐木等乡土材料；公共设施主要为休息桌椅，布置在景观视野较好的位置。代表性景观如图 3.10 所示。

（10）稻田景观（向阳村）。

在稻田边界上设置宽度合理的木质眺望台、平台等景观设施，为居民提供户外交流场所；针对稻田使用者和乡村步行者的需求，在稻田上布设可供日常漫步的木质小径，小径走向可参考现有灌渠布局。代表性景观如图 3.11 所示。

（11）湖塘景观（向阳村）。

维系现状湖塘的自然状态，保持与河道沟渠之间的联系；种植茭白、莲藕、马蹄、慈姑等水生作物，

图 3.8　园艺村的小游园景观

图 3.9　塘湾村、莲湖村、向阳村的健身场地景观

图 3.10　吴房村的公共服务配套场地景观

图 3.11　向阳村的稻田景观

岸边单体植物姿态优美，水面镜面效果良好；结合水域周边场地现状，增加木质平台、木质长廊、观景平台、景观桥等游憩设施，拓展亲水空间，使人能接触水面和各种水生植物、湿生植物。代表性景观如图 3.12 所示。

（12）灌渠景观（向阳村）。

灌渠坡面应减少硬化，宜采用植被护坡，提高渠道的渗透性，可种植茭白、马蹄、慈姑等水生作物；明渠采用防渗措施和植被护坡相结合的方式，暗渠结合景观盖板、木栈桥等作为步行景观的主要通道。代表性景观如图 3.13 所示。

（13）滨水空间景观（水库村）。

滨水步道结合现有防汛通道进行并道使用，依托河流岸线建设健身步道、架空栈道、乡土汀步等绿化步道；滨水平台选择具有最佳观赏点的位置进行设计，并与乡村公共空间相互融合；节点处构造乔、灌、

图 3.12　向阳村的湖塘景观

图 3.13　向阳村的灌渠景观

草多层次的植物群落，适当彩化点缀营造季相变化；铺装采用石料、烧结砖、木材等生态透水材质、乡土材料；重要节点配套亭、台、廊、榭等小型景观构筑物，与周边环境风貌协调。代表性景观如图 3.14 所示。

（14）驳岸景观（革新村）。

保留驳岸两侧原有的植物群落，新增植物群落采用多层次植物组合，护坡选用根系发达、固土能力强的木本或草本植物，驳岸两侧选用禾本科、莎草科等净水植物。对古旧水埠宜进行加固、修复，还原其历史风貌；对新建水埠宜采用简洁大方的设计形式，适当创新，塑造河道景观节点。代表性景观如图 3.15 所示。

（15）桥梁景观（水库村）。

在保护古桥、修复旧桥基础上，新建桥梁根据河道等级，增建石板桥、小木桥等，可采用平桥、曲桥、拱桥等形式，或与亭、廊结合；在桥头空间保留原有绿化，补植枝条柔软的乔木和开花灌木。代表性景观如图 3.16 所示。

图 3.14　水库村的滨水空间景观

图 3.15　革新村的驳岸景观

图 3.16 水库村的桥梁景观

3.4 基于不同地理文化特征的典型案例

3.4.1 冈身线以东（包括宝山、浦东、奉贤）

冈身线以东的区域地貌形态与地域文化均受到以渔业、盐业为主导的海洋文化影响，水塘散布、河渠纵横，水网密度不高，乡村聚落沿着水塘集中分布。

奉贤区青村镇吴房村坐落于上海南郊，位于"中国黄桃之乡"的奉贤区青村镇，距离上海中心区域直线距离约 40 千米，村域面积 1.99 平方千米，耕地面积 96.53 平方千米，其中黄桃种植约 700 亩。

（1）发展策划方面。

吴房村整体的风貌设计源自中国画家吴明山老师与吴扬老师共同创作的《桃源吴房十景图》，后续的总体规划和具体设计都以这幅画为蓝本展开。从设计改造到园区运营、产业发展，为"人老、地老、树老"的吴房村找到了一条乡村振兴的新道路。

（2）总体布局方面。

吴房村依托现有的自然环境条件，在保留乡村田家农作物、水系林网、乡村宅院等原有风貌的基础上，对农、林、水、田、路、桥、房进行全面升级改造，营造一个"绿田粉墙黛瓦、小桥流水人家"，同时又带有乡愁记忆的江南水乡桃花村。

吴房村同时完善自有公共设施配套，建设包括青年双创中心、黄桃研发中心、青年 SOHO 部落、大师工作室、乡村三治堂、有机黄桃种植园等公共项目，将黄桃与多产业链相结合，打造以农业、产业升级为基础，融合青年创业、时尚生活、旅游度假为一体的乡村振兴示范村，通过发展农村新产业、新业态，为农民在农村提供更多就业机会。

（3）详细设计方面。

建筑改造上，吴房村采用小青瓦屋顶、传统屋顶的形式和留白粉刷、传统小木作门窗等传统江南建筑符号进行村落的风貌提升。村内改造后的一般民居建筑吸取村子原有的粉墙黛瓦的风格，保留素雅的色调，坡屋面设计成柔美的曲线，搭配简约的木饰线条与窗框，将门窗与洞口进行梳理搭配，形成几何构成感。

　　对村内具有历史价值的百年老宅，不改变原有建筑结构，通过加固修缮，更换门窗部件，尽量做到"修旧如故"（见图 3.17）。

　　入村门户上，以"青春"为主题设计景观节点，景观节点以村舍屋面的曲线为特征，轻钢为骨，表皮运用青瓦、青砖等乡土材料，线条简约流畅，展现出村落江南水乡的淳朴（见图 3.18）。

　　乡村植物上，通过乡野植物与淳朴小品搭配设计，营造乡村气息。乡野植物选用芦苇、花叶芦竹、蒲苇等，增添野趣；水面种植黄菖蒲、鸢尾、荷花、睡莲、梭鱼草等植物，净化水面；保留村内原有的黄桃树、橘子树、

图 3.17　吴房村传统建筑

图 3.18　"青春"主题设计景观

柿子树、榉树及竹林等，留住乡情；宅前屋后栽种石榴、橘子树、蔬菜等，美化环境的同时，保留农民种菜习惯（见图3.19）。

铺装材料上，村内人行小路多以石板、小青砖、鹅卵石等材料铺就，体现自然生态（见图3.20）。

桥梁营造上，村内水网密布、桥梁众多，车行桥梁大多是体量较大的混凝土结构，配有石质栏杆，古朴自然，人行桥梁座座不同，小巧轻盈（见图3.21）。

图 3.19　乡野植物小品

图 3.20　人行小路

图 3.21　桥梁营造

3.4.2　冈身线以西（包括嘉定、松江、青浦、金山）

冈身线以西的区域拥有大面积景色优美的天然湖泊湿地，且大小河道纵横、水网密布，村落与集镇依水而建，呈现沿密集水网分布的高密度聚落特征，属典型的江南水乡地貌。

嘉定区安亭镇向阳村村域总面积达 2.2 平方千米，是"城乡交界，绿廊起点"，东、西、南三面被昆山市花桥镇、安亭老镇与上海国际汽车城环抱，北临外冈镇现代农业园。向阳村具有典型的冈身线以西风貌特征：水、路呈鱼骨状分布；村宅、自留地、开敞空间沿河、路一字排开；河水水质较清澈，河上有桥梁跨越；农田片河道驳岸多为自然生态、住宅片驳岸多为人工石砌。

（1）发展策划方面。

向阳村优先建设基础设施项目，同时兼顾绿化景观提升、农民房翻新、村庄肌理保护等风貌改造内容，实现乡村环境的整体焕新。总体发展围绕"银杏"主题，融入创意时尚艺术，打造集"宜居、养老、农旅"为一体的"乡村综合体"。

（2）总体布局方面。

向阳村通过规划布局，形成"一轴、一带、两心、四组团"的空间结构。四组团分别为传统风貌居住片区、集中居住片区、银杏游赏片区、银杏疗养片区。其中，传统风貌居住片区主要由保留村落和高品质粮田共同打造而成；集中居住片区通过重点配置和完善基础设施及服务设施，形成介于城市和乡村之间的新乡村风貌；银杏游赏片区是以银杏园为核心，同时策划多样化、体验性的项目，以银杏游赏为主题的功能片区；银杏疗养片区以安亭社会福利院为基础，凸显银杏养老产业特色。

（3）详细设计方面。

建筑风貌提升：以木材、砖、瓦、石材及石灰等为主要建筑材料，并以黑色小青瓦、白色粉刷墙面为基调，配黑灰墙基和深栗色梁柱作为点缀，彰显江南水乡的传统建筑符号（见图 3.22）。

图 3.22 建筑外立面

田野景观利用：创新性地在灌渠上架设木栈道、在田野边布设观景台和咖啡亭，在满足田野观赏和游憩需求的同时，不干扰稻田的正常生产活动（见图 3.23）。

庭院景观改造：在庭院内部边角处，进行乔木、灌木、草、花组团式的植物群落种植，种植区域之外采用青砖、石板、砾石、防腐木、瓦片、磨盘等乡村自产材料进行功能区分，既体现乡村的乡土特色，又符合现代审美需求（见图 3.24）。

图 3.23　田野景观

图 3.24　庭院景观

3.4.3　崇明三岛（包括崇明、长兴、横沙）

崇明三岛水渠农田形态平直，乡村聚落沿水渠分布，呈现典型江海交汇处的生态湿地景观及开阔平坦的万亩良田景观（见图 3.25）。

崇明区港沿镇园艺村前身为 1958 年成立的合兴园艺场，因园艺而得名，是"崇派"造型黄杨的发源地，享有"中国瓜子黄杨之乡"的美誉。村庄位于崇明岛中部偏东，距上海市中心约 43.6 千米，村域面积 3.1 平方千米，农用地面积约占全村土地 88%，其中黄杨种植规模达 1000 多亩。村内水系发达，水资源丰富，村域内区、镇、村三级河道总长度约 40 千米，总体上形成"四横两纵"的水网结构。村庄住宅沿河分布，房屋依河而建，农户民宅以二层民居为主，一户一庭院，错落有致（见图 3.26）。

（1）发展策划方面。

依托园艺村深厚的瓜子黄杨历史和园艺种植本底，以艺创、国际、乡野的建设理念，打响港沿镇园艺村中国瓜子黄杨之乡品牌、打造现代农业与乡村旅游业联动发展的乡村振兴示范村、建设崇明黄杨源 - 田

黄杨
蔬菜
蟹塘
公益林
花卉
其他

图 3.25　崇明三岛乡村平面图（局部）

图 3.26　园艺村

园综合体。

（2）总体布局方面。

沿大港公路的村庄产业发展轴，规划"田园展示服务""黄杨综合创意""黄杨产业衍生"三大片区，构建以村民综合治理中心为依托的智慧服务中心和以村委会为主的公共服务核心，布局村史馆、黄杨农庄、黄杨庄园、黄杨课堂、田园生活体验园、特色江南田园水居等多点，并通过一条田园漫步体验环串联多点位（见图3.27）。

（3）详细设计方面。

建筑改造上，减少对房屋的结构性改动，主要调整不利于风貌协调的部位。借鉴崇明传统地域建筑"错落有致、质朴天然、虚实相间"的特征，通过小青瓦屋面、白色质感涂料、胡桃木色门窗、金属栏杆和水泥勒脚等控制元素，在现有基础上提升建筑品质，使居住建筑与人宜居、与景融合（见图3.28）。

入村门户上，石砌景墙与孤植乔木、组团灌木及面状地被进行搭配造景，营造乡土氛围感，既起到展示和宣传作用，又能表达生活气息（见图3.29）。

乡村植物上，在道路、河岸、庭院等人流较多的场地周边，以绿色为基底，并点缀红花矾根、三色堇、紫娇花、酢浆草、蔓长春花、火炬花、紫菀等彩色花卉，起到美化环境的作用（见图3.30）。

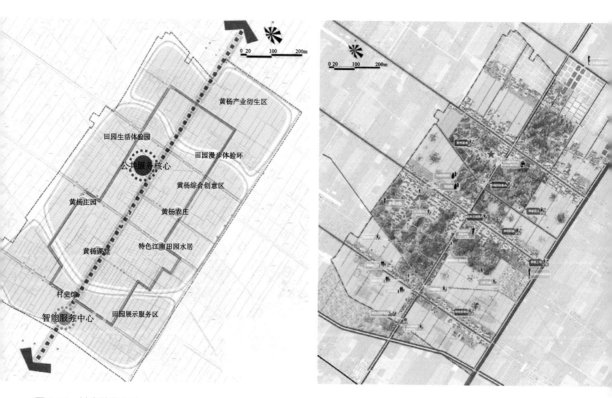

图3.27　村庄总体布局

图 3.28　农村建筑

图 3.29　入口景观

图 3.30　乡村植物

　　铺装材料上，村内人行小路以小青砖、碎石自然材料为主，周边结合带状低矮绿植，营造田间生态氛围（见图 3.31）。

　　围墙构造上，房屋废弃砖石与磨盘、陶罐结合，采用自然形式堆砌成低矮围墙，并配合垂枝植物、地被植物及盆栽植物，构造出虚实结合的特色乡野围墙（见图 3.32）。

图 3.31　道路铺装

图 3.32　围墙构造

4 社会文化视角下的上海乡村景观

- 微尺度项目驱动的乡村景观风貌更新
- 乡村景观更新与社区生活圈构建
- 社会文化活动驱动的乡村景观更新
- 设计师参与乡村振兴建设

4

　　上海的乡村地区水网密布。在上海的方言中，与水面相关的有河、渎、港、浦、湾、湖、荡、泖、浜、泾、泽、溪、浔等。上海地区的村镇名称中常会带有上述字眼，如新浜、石湖荡、枫泾、泖港等。在水乡环境中，水系、农田、林地、乡居聚落是一个有机整体。水系滋养了农田，串联了村落、集镇；村镇依附于水系，又背靠农田、林地；林地藏风聚气，给村庄提供了屏障、稳固了水土。与江南其他区域不同的是，因用地紧张、资源有限，上海乡村民居讲究用地集约、用料紧凑、尺度小巧；因外来商户、手工业者较多，各地文化、风俗的交汇使上海乡土建筑呈现自由混合、杂糅共生的活力。

　　开埠后的上海乡村在近一百年的发展历史中，逐渐衍生出具有自身特色的文化风俗，上海乡村在城郊地缘特点的带动下，形成具有城市与集镇特色的乡村文化。直到今天，除了春节、清明、端午等传统中国节日外，上海郊区的农民在一年中的不同时令开展具有当地特色的文化活动：在立夏当天，上海郊县农民取麦粉和糖制成寸许长的条状食物，称麦蚕，人们吃了，谓可免"疰夏"。用立夏时青嫩的草头和入米粉，油煎成饼，叫做"摊粞"，为上海地区人民所喜食。还把糖梅子、酒酿、咸蛋等作为当令食品，称为时鲜，取以尝口，称"尝三新"；四月初八浴佛节（释迦牟尼诞辰），寺庙要拂去佛像身上尘土，诵经礼拜，城内外大的寺院如静安寺和方浜路的广福寺都有盛大庙会，庙会期间，山门外百货毕集，进行土特产品交流；九月初九重阳节，以糯米粉和糖蒸重阳糕，嘉定和川沙高桥等地则制松糕，都是应景的食品，又以菊花等酿酒，人们畅饮重阳酒，居民又有登高之举，松江佘山及豫园大假山都成为登高胜地。

　　当地的乡风民俗形成了极具地域特征的上海乡村景观特色。在乡村振兴的今日，上海各个乡村区域开始注重乡村文化的品牌打造与扩大影响力，来自政府与不同社会资本的投入诞生了不同规模的乡村振兴案例，促进了乡村的转型与发展，并在不同尺度上塑造了上海乡村新的田园景观风貌。

　　本章主要概述在上海乡村历史沿革与政策实施的双重背景之下，上海乡村振兴过程中因文化治理所呈现的乡村景观与典型案例。从实施过程来看，在规模上呈现由小到大的发展趋势：从小规模的文旅开发到村域尺度的产业升级与文化事件；在类型上呈现由单一乡村景观作为卖点支撑的项目到外延乡村特色产业，融入城乡发展格局。主要分为三种类型：第一种是以企业或社会力量为主体，开发乡村自身的特色或引进市场接受度较高的文旅模式，由微观层面的乡村产业开发所推动的乡村景观更新；第二种是依托于乡村社区生活圈的构建，在完善乡村生活基础设施的过程中影响了乡村景观空间与风貌的变化，在目前上海推进全域乡村社区生活圈的背景下，该方式对于上海量大面广的乡村具有较高的实践意义；第三种则是由政府联合高校或社会力量举办的文化或艺术活动，从而塑造面向未来的上海乡村景观风貌与城乡关系。相比于中国其他地区，这种方式立足于上海设计之都的资源辐射与国际交流平台，具有上海的特色。

4.1 微尺度项目驱动的乡村景观风貌更新

4.1.1 微观尺度的文旅开发对乡村景观风貌的塑造

在乡村振兴行动开始之前，已有乡村的市场化文旅开发。在中国城市化的过程中，城市居民开始向往乡村的田园生活，初期便是"农家乐"模式的开发。不同于大规模产业所需的土地利用与空间规划前置，这些小的项目灵活而多样。微观尺度的文旅项目在引进外部资源与风格的前提下，同样可以融入乡村的整体景观环境。尤其是在上海海派文化的背景下，上海乡村小型文旅项目的开发在乡村振兴实施的同时，正以一种潜移默化的方式慢慢呈现大都市郊野空间"新江南田园"的景观风貌。

1. 奉贤区海湾乐田农场

乐田农场位于奉贤区海湾路与欣奉路交叉口位置（见图 4.1），占地约 5.6 万平方米。其运营方式是基

图 4.1 乐田农场鸟瞰

（来源：本章图片除单独注明外，均为作者团队自摄或自绘）

于德国史莱伯花园模式的一个会员制的家庭农场。史莱伯花园是德国儿科医生史莱伯在 19 世纪创造的一种家庭休闲模式。最初设想为城市儿童提供亲近自然与农业文化的学习活动空间。之后该模式在欧洲迅速流行，据统计欧洲 300 多万个家庭有史莱伯花园。每个花园占地面积从 40 平方米到 400 平方米不等，租金定价也在普通家庭的承受范围之内。

乐田农场倡导"城五农二"模式，即城市家庭在日常周末可以享受到田园生活。经营方划分 8 米 × 8 米的农田单元供出租，农场在平时为会员提供翻地、种植、施肥、除草、收成等服务（见图 4.2）。"客户体验＋日常运维"的服务模式让会员得到轻松而可持续的农场体验，逐渐成为上海中产阶级生活的标配。除了基本的农田载体之外，农场对标休闲体验场景，提供集市、烧烤、植树、插秧等活动，另外为儿童开设自然教育课程（见图 4.3），加之城郊乡村的优美环境，为城市居民提供了节假日休闲的好去处。

休闲体验的各类活动形成乐田农场的基本布局（见图 4.4），类似于城市公园的基本活动分区，但在原有农田肌理上细化网格分割成"微农业郊野公园"模式：农田旁的木屋与可以探索的森林；房车营地的草坪自然学校构成了上海国际化都市的郊野休闲场景。在企业经营的方式下，该经营模式在城市扩张下的郊野景观策略是非常具有操作性的。不同于传统乡村的农业开发的规模化场景，乐田农场在较小的用地内形成郊区农业文旅休闲的基本单元，对应上海的城市规模，在未来广大的上海乡村地区有极大的应用前景。

图 4.2   模块化的农田菜地

图 4.3　农场中的儿童自然教育课程

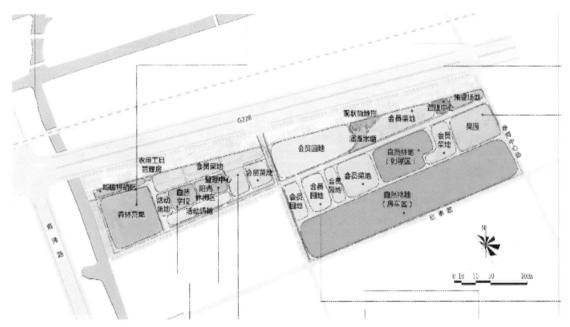

图 4.4　乐田农场平面布局

2. 长兴岛前小桔创意农场

前小桔创意农场位于长兴岛郊野公园的西入口，占地 24 万平方米，是上海市首个以柑橘为主题的创意体验农场（见图 4.5）。前小桔的品牌源于当地柑橘产业品牌，前小桔创意农场在原有的水果生产产业基础上形成"产、研、创、销、教、游"六位一体产业链。不同于农业产品的文旅附加价值开发，前小桔的产品基础是高质量的橘子产品，该企业在橘子的种植阶段投入大量资金，包括露天自然种植、作物健康理疗、生物除虫防治等 18 项技术在 36 块单元种植模块中交替实验，采用露天交替、肥水一体化的精准化生产管理手段。通过前期的产品口碑提升品牌的知名度，该项目通过橘子衍生产品与橘文化体验的复合方式形成完整的都市郊野休闲体验产品。

图 4.5　前小桔农场全景鸟瞰

（来源：公众号"Pandscape 泛境设计"）

　　该农场的选址依附于上海郊野公园的服务范围，为本身具有农业生产属性的郊野公园丰富了活动类型。农场的选址在原本的果林生产用地，场地的设计补充了基础服务设施，总体上保留了郊野空间林、水、路等基本要素。乡村郊野的开发不仅仅依靠其本身的风貌特色，立足于生产文化的产品同样可以成为乡村振兴的驱动力。

　　前小桔创意农场在场地设计最大程度尊重了场地现状，采用乡土自然工法，让这片土地能够更加自在地呼吸，并在乡野中呈现有品质的秩序和精神。

　　前小桔创意农场中的五谷园是一处农业生产种植园地（见图4.6），设计采用了平直的线条，中央设有一块大小刚好等于1亩的活动草坪，游客在此得以感知"一亩田"的尺度。草坪上插播蒲公英、酢酱草、白三叶、紫花地丁等低矮植物品种以抵御病虫害。环绕四周的五谷园采用四季轮播的方式，每年约有两个月能够展现"五谷丰登"的景象。

图 4.6　2016 年 9 月开幕时的五谷园场景
（来源：公众号"Pandscape 泛境设计"）

　　五谷园内部有一条蜿蜒的河道水塘，采用沉水植物＋生态驳岸的措施。驳岸由杉木桩及竹板进行护坡，不完全隔绝土壤和水，使土壤可以与河水亲密接触，自由呼吸（见图4.7）。

图 4.7　五谷园内的溪流

（来源：公众号"Pandscape 泛境设计"）

　　童心菜园和超大型螺旋菜园的设计，为前小桔创意农场增加了趣味点。童心菜园居于水岸南侧，有传统水八仙、朴门九宫格种植，更有坡地等高线自然种植，总体比菜田更自然，特别是岸边的水生与湿生植物，野趣十足，蔚然成景。螺旋菜园是朴门永续（Pumaculture）的典型实践，水肥顺流蜿蜒而下，满足不同根系的植物的生长需求（见图 4.8）。螺旋菜园除了植物品种丰富之外，还可登高望远，整个菜园水系可尽收眼底。

图 4.8　螺旋菜园

（来源：公众号"Pandscape 泛境设计"）

前小桔创意农场中的野花鱼塘原本是一片方形池塘，从池塘中挖出的土方直接堆放在四周。设计基本保留了场地原有的形状和空间感，顺势略作修整，增加木质钓鱼平台，并在沿岸护坡上种上野花野草（见图 4.9）。

图 4.9　改造后的鱼塘

（来源：公众号"Pandscape 泛境设计"）

3. 崇明岛西岸氧吧

崇明岛西岸氧吧位于上海市崇明庙镇庙南村，距离崇明城区 10 千米，靠近著名景点西沙湿地和明珠湖景区，总面积约 400 亩，绿化覆盖率达 70%，这里环境优雅、空气清新、设施齐全，是庙镇内特色的旅游观光农业生态园。为响应《上海市崇明区总体规划暨土地利用总体规划（2016—2040）》中"智慧农业"发展和"世界级生态岛"建设，西岸氧吧计划转型为绿色创新实践示范园区，落实资源节约、绿色生态、产业创新、人才引进等多方面策略，在崇明农业生态园发展以及乡村生态修复改造中起到示范作用。

庙镇拥有良好的生态基底，是崇明当地较有代表性的基地。庙镇处于崇明区城桥与新海的中间位置，属于核心镇（城桥镇）引领的综合发展型城镇圈，同时又与新海引领的生态发展型城镇圈挂钩，是一个生态与综合发展并重的区位。在全市范围内，崇明岛的交通条件并不占优势，因此应突出生态岛本身的生态环境与文旅特色。在现有的乡村环境下，西岸氧吧采取的策略是营造异国的环境氛围，包括邀请法国设计师设计的地中海风格民宿（见图 4.10）、东南亚风情餐厅（见图 4.11）等。除了引入外来的建筑风格，西岸氧吧融合了农业种植、禽畜养殖、当地特色美食等农家乐的文旅项目。混搭的风格成为西岸氧吧的市场吸引力，西岸氧吧的林间步道如图 4.12 所示。

图 4.10　地中海风格民宿

图 4.11　东南亚风情餐厅

图 4.12 林间步道

　　在原有的乡村环境新置异域元素的做法难以延续传统的景观风貌，但从市场的吸引力角度与上海城市对于外来文化的接受性来看，仍为可以借鉴的地方性解决方案。

4.1.2　村域尺度的文旅模式所塑造的乡村景观更新

　　通过乡村文旅促进乡村本地产业的融合发展是国内最近较受关注的方向。乡村由于其游离在城市之外的地缘条件，在长期发展的过程中保存了自身完整的文化脉络，在乡村振兴的政策背景下，重新开发乡村的文旅资源呈现多点开花的趋势。乡村文旅产业的开发高度依赖于本地的资源支持，生活方式与价值观的改变让乡村成为新的理想田园，在现实意义上可以提高村民的文化获得感。同时，乡村文旅产业带来的是乡村物理空间环境的改善，将乡村人居环境同产业质量并入同一发展方向。这些逻辑可以较好地解决乡村振兴的可持续问题。

　　但在乡村文旅产业助力乡村振兴的诸多优势中，仍应认识到目前乡村文旅产业的发展困境。虽然乡村文旅的产业规模不断扩大，但仍存在旅游资源同质化、初级化的问题。以文化产业带动乡村文旅的发展仍不能充分发挥乡村的资源特色，可能陷入"千村一面"的现实困境。产业规模尚未实现集群化，文旅品牌的竞争力仍处在初级发展阶段。值得一提的是，文旅产业的发展高度依赖乡村的特色资源，面对中国乡村量大面广的现实条件，乡村文旅的振兴手段适用性仍有局限。

　　上海地方乡村的文旅产业案例不同于传统认知的中国乡村风貌。上海乡村的发展本身建立在国际化都市辐射的产业基础上，在长江下游水网平原乡村的景观风貌下，融合了现代生活方式与创新文旅创意的文旅开发，形成了立足于传统江南水乡景观风貌的"新江南田园"文旅产业开发模式，为上海乡村与国内其他的乡村提供了借鉴。

1. 浦东新区川沙镇连民村

连民村位于浦东之心、川沙之南。全村有 23 个村民小组，户籍人口 3645 人，村域面积 4.62 平方千米。连民村东接南六公路，西至 S2 沪芦高速，南跨 S32 申嘉湖高速，北距上海迪士尼乐园 5 千米，南距上海野生动物园 6 千米，游客来往非常便利。连民村农田基底广阔，基本农田面积约 2.23 平方千米，农用地占比超 50%，农业种植种类丰富，包括水稻、蔬菜、水果、蘑菇、花卉、渔业、苗木等多种农业生产项目。农业合作社用地 131.2 万平方米，家庭农场用地 55.6 万平方米。村内被申嘉湖高速、六奉公路分隔，路网结构复杂。村内已经形成主路、次要道路、宅间道路等多级路网，主要道路多以沿河单侧布局为主，已经完成白改黑工程，能较好满足村民的出行要求。村落大多沿河布局，水、田、宅、村均质化分布特征明显，连民村现有 1000 多幢民宅，超 1/3 民宅依水而建，水乡聚落特征明显。

连民村水系资源丰富，水面率达 13%（浦东新区水面率为 9.7%），形成了典型的圩田水网。经过区域水系整治，村域范围内以五灶港为核心，形成了"五纵四横"的主干水网。现有产业以合作社经济为主，农业种植种类丰富。现有东方瓜果城、六灶花卉城、邮佳果蔬等项目，为乡村旅游带来一定客流。

连民村非物质文化遗产丰富，主要有江南丝竹、浦东说书、土布编织、灶台砌筑技艺、特色土灶饭等。村民的传统手艺和技能主要有戏剧、民族舞、缝纫、木匠、手工艺、特色小吃制作等。文明团队有秧歌队、腰鼓队、门球队、民乐队、彩巾舞队等，在重大节日可以组织文艺节目。

自建设乡村振兴示范村以来，该村对村内的生活基础设施与生态环境进行了治理，包括村庄道路、村民生活服务点与水、林、塘等自然要素。在这个过程中，连民村保存了其天然的乡村生态基底与村庄格局，村庄基础环境的提升为后续连民村的文旅开发提供了环境基础。

和中国所有乡村一样，连民村大部分用地为农业用地。连民村从农民的村宅入手，用民宿盘活资源，重振村集体经济，"宿於"品牌民宿应运而生。川沙镇政府入股 10%，基金公司占股 10%，国有企业上海东方明珠房地产有限公司与民营企业上海富想文化创意有限公司各持股 40%，最终成立了上海明珠富想川沙民宿文化有限公司，作为民宿经营主体。连民村集体则以村自然资源入干股，享受其他股东 5% 利润返还以及川沙镇政府的股权利润返还，形成了连民村民宿产业的基本开发模式。

以土地整治为平台，通过多部门联合、整合各类政策，充分利用现状丰富的农业合作社与民宿特色项目，全力打造以"新"农业为主题，以多品种特色农产品、生态种植模式、科学高效生产为特点的田园综合体；并以"大"主题民宿、"小"生态民居为特色，以上海迪士尼乐园、"威尼斯"游、花卉百草园、园艺培训、周末农场、林下菌菇园为吸引点，重点推行家庭周末定制游的"宿游"村。

（1）建筑风貌提升。

政府部门与民营企业的合作增强了村民出租村宅与参与经营的自信心。不同于整村规划设计的方式，连民村的民宿风格更多迎合了城市消费者的需求，采用了"一栋一品一主人"的模式。连民村原有自建房虽然保存了部分江南民居的特点，但特色缺失严重。针对连民村的建筑风貌，建筑师提出局部变化、整体统一的策略思想。"宿於"—宿一品项目的建设，带来了风格多样的现代建筑元素，一定程度上展现了海派文化的包容性。因此，在建筑风貌的打造上，提出局部变化、整体统一的总体策略思想，并契合水乡及现状特色，在新江南风格基础上，结合各分区主题元素，延伸变化，塑造整体统一又各具特色的风貌系统。民居建筑风貌提升应当充分尊重地方群众需求，贴合村民生活习惯，延续当地文化，提炼当地特色，从而营造宁静祥和的新农村氛围。风格上，统一采用"新江南风格"，并对多样化的民宿进行分片区风格引导。海派艺术部落，采用较为包容性的控制策略，通过融合多变的现代建筑元素，展现多样的、国际性的建筑景观；江南水乡部落，控制沿河界面的透明度，增加建筑立面窗墙比，运用木质材料，体现水乡特色；原乡田园部落，通过石材、木材、绿植在建筑立面上的应用，与周边农田景观相协调；玫瑰花村部落，在建筑外墙面开展花卉主题彩绘活动，增加建筑艺术性。色彩上为保持风貌统一，应限制建筑颜色数量，以白色、灰色为主色调，以棕色、蓝色为辅色调，并以红色、绿色等亮色调为点缀色。材料上采用高品质、耐用的材料，以适应当地气候变化，采用青砖、灰瓦、石灰抹面、木材等乡土材料，局部采用黑色钢材、落地玻璃等现代材料。连民村总体上形成了各类风格融合的城郊田园乡村景观风貌（见图 4.13～图 4.15）。

图 4.13　"宿於"品牌民宿 1

图 4.14　"宿於"品牌民宿 2

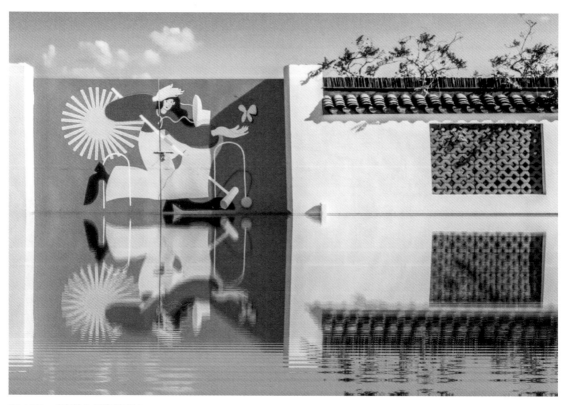

图 4.15　"宿於"品牌民宿 3

（2）景观改造提升。

连民村内现状水网丰富，自然资源独特。水质与驳岸已进行一定程度的风貌提升与优化。充分利用现有自然资源，打造水上旅游线路，也将为连民村乡村振兴带来不可估量的契机。

①门户。与六奉公路交汇的繁强路是连民村的门户入口，又是连民村东西向的陆路主通道。打造门户与提升主通道是本次工作的主要内容。设计师与交管部门协商后，提炼连民村江南水乡的建筑风格，设置6.5米高标识墙。

②陆路。现门户的改造及繁强路的提升都需要征用周边的农田，在与业主确认后，周边农田不涉及基本农田的按一般农田处理，道路可以拓宽至8米，并设置1条宽2米的慢行道，可以提高交通安全，提升旅游体验，进而支撑连民村整体的开发。

③水路。以五灶港为轴，以"五纵四横"水网为基础，建设水上旅游线路，远期可规划为迪斯尼国际旅游度假区水上游览的旅行线路拓展，从而推进连民村乡村振兴。同时，打造两侧水岸花园带，通过恢复水环境系统，优化水质，并结合环水步行空间，营造自然河流景观。通过陆路与水路相结合的方式，让游客体验万般旖旎的自然田园风光。

2. 青浦区金泽镇莲湖村

莲湖村位于青浦区青西郊野公园核心区内，地处淀山湖地区。莲湖村的村域面积4.24平方千米，村民总户数672户，2014年莲湖村被列为青浦区首批美丽乡村区级示范村，2015年被评为上海市美丽乡村示范村，2018年获评全国生态文化村。

依靠郊野公园的基础设施建设，莲湖村紧靠318国道的沪青平高速公路，村配有直通淀山湖的拦路港。同时青西郊野公园的建设为乡村生态本底的修复提供了契机。村庄居民点位于郊野公园内核心景观大莲湖旁，莲湖村亦因此而得名。村内环境的提升与大莲湖及其支流水系的生态息息相关，为进一步保护河湖生态空间，加强水域岸线管理与保护，莲湖村开展河道沿线专项环境整治，同时，注重河湖生态防护，开展陆域绿化与水生植物共同营造，优化水域环境（见图4.16）。

在此基础上，莲湖村的乡村振兴开发基于"园村联动"的开发模式。公园以大莲湖为中心，"水上森林"池杉林占地5.5公顷，为上海独有。此外，郊野公园还规划了杉林鹭影、芳洲晓渡、莲溪庄园、鱼稻田园、枕水安居、芦雪迷踪、绿岛翔鸥、莲心禅韵八处景点。莲湖村整体融入郊野公园的生态与风貌之中。

莲湖村的农业生产及产品的打造也主要依靠大莲湖水系的农业产出，村里目前已培育了蛙稻米、茭白、红柚、蓝莓、铁皮石斛、莲藕等市场潜力大、区域特色明显、附加值高的农产品品牌，还与自在青西、优禾谷、弘阳农业、叮咚买菜等企业合作，线上线下多渠道销售农产品，帮助农民增收。得益于水环境的治理，莲湖村农产品依附生态农业的品牌特征得以扎实升级。

郊野公园环境提升下的莲湖村承接了青西郊野公园的游客，使得其可以发展整村规模的文旅产业。一系列民宿的开发不仅增加了村民的收入，同时完善了青西郊野公园的游客基础设施（见图4.17）。

图 4.16　与水系依存的莲湖村村景

图 4.17　莲湖村民宿外景

4.2 乡村景观更新与社区生活圈构建

大多数乡村并不具备优质的文旅资源，这些乡村的建设发展更多依靠于本身农业企业的发展，其景观更新的动力主要来自上海社区生活圈的全域化推进。

2016 年，上海在全国率先提出"社区生活圈"概念，在市民 15 分钟步行可达范围内，配备生活所需的基本服务功能和公共活动空间，提高城市居民生活品质。2018 年《上海市 15 分钟社区生活圈规划导则（试行）》发布之后，"社区生活圈"理念进一步延伸到上海全域。有 180 多个项目相继落地，主要分布在市中心和新建城区。2021 年 12 月 14 日，《上海乡村社区生活圈规划导则（试行）》正式发布，引导打造宜居、宜业、宜游、宜养、宜学的乡村社区共同体。

和城区相比，上海乡村配套相对薄弱。但在社区生活圈全域化的规划理念下，大量的上海乡村已经开始乡村生活圈的建设。最明显的区别是扩大"15 分钟生活圈"的服务半径。乡村社区生活圈的服务半径按照"自然村""行政村"两级配置。自然村层级（乡村邻里中心）的服务半径是 300～500 米，主要提供家门口的服务；行政村层级（乡村便民中心）的服务半径是 800～1000 米，可以提供更大范围的复合型服务，比如老年人、儿童所需的活动空间、公共服务设施。

社区生活圈的公共设施配置引导乡村景观由乡村聚落向社区环境转型，基础设施的补齐在功能层面满足了乡村公共生活的需求，其中乡村基层治理成为其可持续的重要保障，从而使得乡村生活圈融入村民的日常生活。本节介绍两个以乡村基层治理促进乡村生活圈可持续发展的景观转型案例。

1. 嘉定区北管村

北管村位于上海市嘉定区马陆镇东南部，与宝山相邻，与南翔交界，贯穿于浏翔公路与宝安公路两条主干线，区域面积达 2.65 平方千米，有 11 个村民小组、650 户人家，户籍人口为 2500 人，外来人口为8000 余人。从 20 世纪 90 年代开始，北管村开始进行基础设施建设，创建工业园区，目前北管村入驻的企业 53 家，是规模较大的工业村。北管村在美丽乡村与社区生活圈的建设中已形成村宅统一建设翻新、基础设施配套完备的局面（见图 4.18、图 4.19）。

北管村的目标是建成上海乡村治理转型示范村，在上位规划指导下，发掘特色乡村文化与产业基底，建成产业治理示范的新北管。风貌提升设计围绕新建设的居民点滨水与慢行环境，提升河道生态植物景观，优化宅前屋后的景观风貌，将江南田园风情引入居住社区，为乡村社区提升幸福度。

（1）居民集中居住点的社会自组织性。

北管村中的姚家社区集中居住点，探索了一整套基于村民自治的多元筹资、参与式建设、村集体运营维护的乡村人居环境营建模式，并逐步成为当地及周边乡村建设的典范。社会化流程下的住区环境风貌塑造和节点设计，与城市中住区产品化的预设逻辑不同，需要尊重村民的生活习惯并协调他们多样化的诉求。

图 4.18　北管村鸟瞰

图 4.19　北管村村宅新貌

（2）公共服务配套与社区生活圈的完善。

为提升社区服务和完善社区生活圈,村庄进一步配备了乡村卫生服务站、健身房、电影院、小型足球场等。此外,为响应知名策展人王南溟老师"社区美术馆"的倡议,村庄正在策划落成一处乡村社区美术馆。

（3）产业升级与新型业态的导入。

早期北管村的发展很大程度上得益于制造类和加工类产业的引入。近年来,北管村作为嘉定新城产业布局的一部分,在腾退相关工业空间的同时也注重现有空间的招商。目前北管村已成功引进面向乡村新能源技术市场的企业,计划下一步以北管村为示范场景,将示范村创建与低碳绿色技术应用结合起来。

（4）生态恢复与景观风貌的提升。

北管村的乡村景观风貌提升始终伴随着生产空间和生活场景的完善而稳步推进。近年来,根据"一张蓝图干到底"的景观空间规划引导,北管村构建了多处乡村口袋公园和生态绿地（见图4.20、图4.21）。同时,村庄与德国的研究院所合作,配合研究生课题教学,深入研讨了以北管村为代表的都市生态空间类型中腾退用地的生态恢复现象,不仅细化了用地生态演进逻辑下的韧性恢复阶段目标,而且尝试了在海派乡村振兴工作中引入国际化的智力资源。

图 4.20 北管村道路绿化改造效果

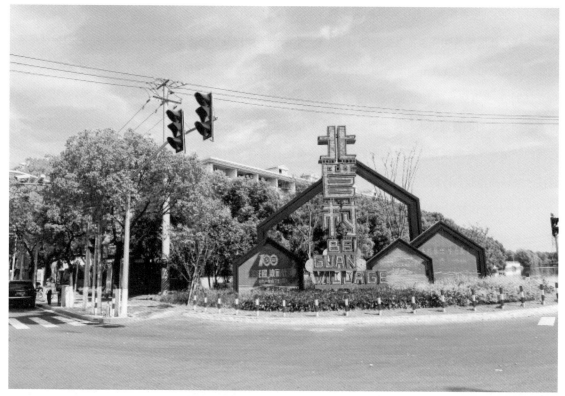

图 4.21　北管村入口标识

2. 嘉定区周泾村

周泾村位于外冈镇，为上海首个迁建型示范村。村域面积 3.4 平方千米，由 15 个村民小组构成，户籍人口 1681 人。周泾村处于上海古海岸线冈身文化的聚集地，具有丰富的自然与人文历史遗存；村内水系交错，具有较好的生态驳岸型水体流域；同时农业与工业设施腾退、民居迁建与土地修复为周泾村的农业产业提升创造了良好条件。项目风貌规划涉及农用地 270 公顷，其中林地 0.86 公顷；河湖水域面积 25.35 公顷，道路交通用地 7.56 公顷，村庄建设用地 29.43 公顷。

总体风貌规划将周泾村打造成为"绿动外冈　耕雨周泾"主题的"周泾代言"的上海首个迁建型示范村。风貌规划旨在实现三个目标：营建符合新江南田园风貌的新型乡村，在上位规划指导下，发掘特色产业文化本底，建成"景美情也美"的新周泾；田水林交错，风貌功能同步提质，对田林用地整合规划，水路联通，道路处处通达，提升居民生活环境质量；提升农业、工业产业风貌特色，活络产旅风貌氛围，整合设施农业、工业产业区，联动旅游观光产业，打造特色节点空间，形成独具特色的周泾产业体验乡村（见图 4.22）。

（1）农田风貌。

农田风貌根据田间肌理与耕种区块分为"小田"与"大田"种植组合。"小田"精细化种植与企业示范农业合作内容的特色作物种植，体现特色观赏与游憩价值。同时，大棚采摘种植区可增加甜瓜园、草莓园、柑橘园等种植基地，提供多样的采摘选择。

图 4.22　周泾村鸟瞰图

农田风貌根据"大田"经济种植与大地风貌培育可分为三种种植区。①经济种植区。大面积的田地可种植水稻、白菜、番茄、黄瓜等农业经济作物，满足农民经济需求的同时展现农田景观。②核心观览种植区。核心观览种植区位于园区中心，顺河道及主游览路线分布，应种植油菜、水稻、小麦等有观赏价值的特色农田景观。③果林种植区。果林种植区沿河岸分布，充分利用河岸环境，以果树种植为主，形成特色景观带。

（2）河道水利风貌。

周泾村为典型的人工和水利风貌体系，根据"河、渠、闸、桥"的水系规划逻辑，河道规划为生态水网，打造亲水空间，建立水游环线；沟渠规划为联通人工灌渠，加强水质管理，实现水渠多功能利用；水闸根据历史泵闸与历史文字刻画进行再利用改造，增强文化符号特征，成为村内活动与交流的新场所；桥梁结合内容性展示功能，提升桥梁饰面的统一性与安全性。

（3）道路风貌。

道路风貌体系以主要车行交通作为村内交通环线的骨架。车行交通道为"路"，强调人车并行，周泾村内的机动车道，宽度为 6～7 米，连接村内各片区与对外道路，考虑到人行安全与游赏品质，人行道脱离机动车道路于过渡绿带中设置。次要车行道路为"道"，即以"路"为原点通向各个功能片区。生产道路与田间路为"陌"，即由"道"为原点通向各建筑群落或农业生产区，两侧多为农田景观，景色优美。人行和骑行专用道为"径"，主要设置在滨水景观以及田间景观，串联各个服务点和主要参观流线。

道路特色植物配置采用乡土草本植物，主要设计于主干道路附属下木绿化与生产性道路或支路，以开花类或色叶类乡土草本植物为主，保证支路四季有色，多季开花，营造良好的亲人环境。

（4）建筑与人居风貌。

对主要道路交通沿线的建筑立面进行临时提升或局部改造提升，建筑立面延续新江南田园风格，以素雅白墙为底，建筑开窗与竖向空间采用竹制或木质装置衬底，显示简约清新的建筑风貌。暂留临路、临河待迁民居进行简要立面提升。对产业设施，如粮仓、工厂建筑外立面进行改造提升，结合建筑外墙同步进行风貌融合设计。

周泾村整体风貌改造提升后的实景如图 4.23 所示。

图 4.23　建成实景

4.3　社会文化活动驱动的乡村景观更新

当下，中国乡村振兴的主导权由政府掌握，自上而下的政策传导在乡村末端的治理过程中难免出现无法适应乡村多样性的现实情况，因此在乡村振兴中涌现出了各方支持力量。从政府投入到民间组织，利用乡村文化事件驱动乡村活力复苏成为上海地方乡村在国内的开拓性举措。

4.3.1　乡村临时性景观的构建策略

1. 乡村临时性景观构建的两个重要视角

（1）视角一：农业特征背景下的乡村景观。

在关于乡村景观的学术研究与讨论中，农业生产方式决定了其特定的空间格局与时空特色，承载了当地经济，孕育了特有的乡村精神文化，也构成了乡村的生态基底。同济大学杨贵庆认为乡村农业生产力决定其生产关系，并构成乡村社会关系结构的总体特征，进而形成相应的村落空间环境格局。苏州大学解晓丽认为农业景观是乡村景观与其他景观的主要区别，有着不可忽视的作用和无法替代的地位。中国农业大学梁发超认为构建现代农业景观体系是新农村建设的核心。"田园"作为乡村景观的载体，承载了乡村生产、郊野生态、市民生活游憩和人们对于乡村向往的精神寄托。农业产业特征的景观要素往往决定了乡村景观的基调，在乡村建设的过程中得到高度的重视，才有可能进一步与都市游憩功能相结合，形成兼具生产、生活、生态功能的特定绿色空间设施类型。例如，英国在20世纪通过"乡村开放计划"，利用休耕的土地提供游憩活动的场所，并将农业空间转化为兼具生产和游憩功能的景观空间。荷兰政府倡导景观设计师参与乡村建设，建设兼顾生态、游憩和居住发展的农业空间。日本的越后妻有大地艺术节则以农业为依托，以"田园"为背景，为世界顶尖艺术家提供创作的空间。

（2）视角二：时间节律下的乡村景观。

农作物在时间流逝与季节轮回中生长、成熟与衰败，田地也随之产生不同的样貌状态。自古以来，时令对于农业生产与农业景观风貌就有着重要的影响，无论是历朝历代的田园诗，还是当前以油菜花节、桃花节等特色农业季节性景观打造的观光旅游活动，我们都可以领会由于农时而呈现的田园之美。农业景观的开发需要对其生产规律有所遵循和利用。传统农耕文化基础上的二十四节气规律对我国传统乡村田园中的生产和生活节律产生了深远的影响，如《荀子·王制》中写道："春耕、夏耘、秋收、冬藏，四者不失时，故五谷不绝。"因此在乡村景观的研究与构建中，必须充分关注所在地的季节与时间特征。

作为农时节律下的文化体现，农事是独特的农业景观的背后成因。我国长期以来有众多关于农事的俗语，不仅指导了当地的播种、耕作、收获等一系列的农事，还告诉人们如何保持对于农田承载力的可持续开发，注重"用地养地"，尊重场地逻辑，进行可持续低影响的开发，开展保护性的农事活动，确保农业生产的后续轮作得以开展。

在这些农事之外，特有的农节与乡村景观的活化和使用关系密切。人们从劳动耕作的节律中演化出独特的社会交往活动以及具有地方特色的节庆活动。农村的节庆活动常常伴随着社交与文化娱乐活动，到了农闲季节庆祝场面愈发宏大，如秋收之后的冬至在江南地区素有"冬至大如年"的说法，乡村人民喜闻乐见的戏曲也多在农忙前后举行（见图 4.24）。这些节庆活动不仅是农村内部的狂欢，也是对外展示当地文化、促进城乡间了解和沟通的桥梁。

图 4.24　稻田景观的场景表达

2. 关于临时性乡村景观的设计策略

乡村的临时性景观是对当地特定的农时、农事、农节的尊重与呈现。相比传统的乡村旅游和农家乐，近年来，乡村景观更加强调特定季节下的活动与设计事件。随着国内乡村振兴工作的大规模开展，国内乡村愈加充分认识到农业景观具有生产以外的田园文化价值，可以充分利用其特性开展观光、游憩、艺术、娱乐等活动，助力乡村经济产业的发展。例如，无锡田园东方依托当地水蜜桃林产业，在水蜜桃收获季节开展采摘、品尝和节庆表演等活动，营造时间与空间热点；乌镇横港国际艺术村依托秋天的稻田开展"稻田漫游"活动，同时利用稻穗开展手作活动，依托农业景观生产规律营造热点。此外，近年来，工作营或工作坊模式的乡村营建活动（如楼纳国际山地建筑艺术节、东南大学竹构鸭寮建造活动等）逐渐兴起，其中不乏用乡土材料、在地工艺构建的临时构筑物，在与所在田园背景对话的同时，也形成了当地临时的特色景观地标（见图 4.25）。

值得注意的是，开展此类活动时，也要注重城乡结合的总体策略（见图 4.25）。近年来上海的乡村营造中不乏这样的尝试。

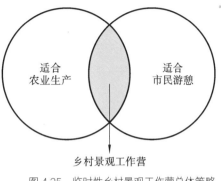

图 4.25　临时性乡村景观工作营总体策略

3. 关于乡村景观的时空设计

基于对特定农时和农事的理解，上海的乡村近年来开展了一系列田园实验（Rice Garden Experiment In Shanghai）。田园实验项目从农业景观的时节性出发，在乡村秋收季节，结合当地的田园景观，顺应稻田成熟的收割过程，在田园中创造出临时性的群体社交活动场地。田园实验针对田园的农时特点，强调以临时性的景观场地满足开展丰富的节事活动的需要。

（1）适应农时的活动时间。

秋天的农田景观作为背景环境，"收割"本身被设计为场地的生成过程，通过场地中部分水稻的收割，形成临时性的开放空间场地，嵌在大面积的保留农田中。具体的农时设计有月、日、时 3 个维度。田园实验选定在 10 月与 11 月开展，对于上海的农村来说，10 月份水稻逐渐成熟，10 月下旬到 11 月中旬便迎来了收获季节，这是上海农村景观最美的时候。对于城市居民来说，此时正是秋高气爽、适合郊游玩耍的时节。在这个季节开展户外活动，利用农田打造游赏玩耍的空间是非常适合的。而在具体日期选择方面，确定活动项目的材料需 2 ~ 3 周时间，搭建活动选在周末进行，第 1 天搭建活动场地，第 2 天开展活动。对于第 2 天活动的时间，考虑到天气以及适合人们活动的时间范围等因素，将主要活动集中安排在下午 1 点至下午 3 点开展。紧凑的时间安排让田园实验变得更加高效，选择在周末开展活动也更加符合城乡居民的生活规律。农业时令表与田园实验具体策略如图 4.26 所示。

（2）承载农事的手法与材料。

在手法与材料方面，田园实验强调本土化、低影响的营造模式。近年来，中国的乡村营造偏向使用生态可持续的建造方法，提倡使用环保材料，以低造价、低技术和高效率的方式进行生态建设，同时也积极从当地工匠智慧中汲取营养，强调向当地工匠学习，鼓励当地人共同参与，而这正与农事的开展不谋而合。田园实验的空间总体设计采用"收割"的方式，利用现有金色稻田的景观要素与"收割稻谷"的活动要素，在丰收的稻田里"收割"出空间形态别具一格的场地用于开展活动，收割下来的稻秆则铺在场地之上形成厚软的铺地。活动结束后，场地随着秋收结束、稻谷割尽而消失，稻秆则放在稻田里为土壤增加肥力。"收割"的方式既让秋收割稻的过程别具意义，又是一种临时的保护后续耕作的"减法"设计。利用稻田作为活动材料的设想来自第一年的田园实验设计。第一年的田园实验设计的活动主题为"稻田迷宫"，强调从场地设计层面在稻田里收割出一个迷宫路径和场地，用"竹条板"这种乡土材料来代替人工装配和拆除难度较大的木板，并且结合竹、稻草、草绳、布等材料，以在地性强的建造与选材方式奠定了后续田园实验

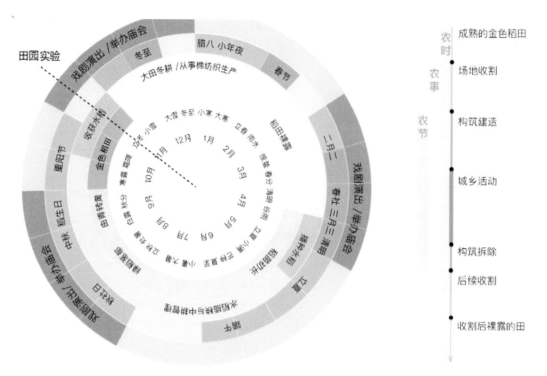

图 4.26　农业时令表与田园实验具体策略

建造思路的基础。考虑到现场搭建的时间较为紧张，装置搭建采用预制组件、现场快速装配的方式，可以较好保证装置搭建的效率，同时在装置拆除中依据组件拆卸也会更加方便且对场地影响较小。

在第二年的田园实验中，尽管场地格局被简化为一个圆形场地，但是用稻草堆作为场地的边界围挡以及户外座椅，竹子被用于围合中心广场，清晰地定义了中心广场的边界，满足了多个家庭聚餐和集中活动的需要。

第三年的田园实验的主题结合了金山区水库村的"水"与丰收的"稻田"的意象，提出"乡野秋波"的概念，在此大主题下进行"秋波"主题构筑物搭建，割出 3 条带状场地放置构筑物，制造"秋波"的绵延起伏感。"秋波"采用当地竹子和网绳组合的构筑方式，将收割下的稻草捆扎固定在网绳构筑物上形成上下起伏的"秋波"的效果。"秋波"是活动开展、人群聚集的主要场所，也是此次田园实验的地标性构筑物，成为儿童、家长与志愿者集中活动的核心场所。

（3）社会交往活动设计。

田园实验的社会交往活动分为场地设施的营造活动与沟通交流的社交活动两大部分，二者相辅相成。活动设计尽可能结合乡野意趣与田园场景，将乡村元素作为活动的主题进行策划。在每年的设计中，交往活动的主体为乡村当地和城市里受邀而来的儿童。

"田园实验 2016"的活动更多是围绕着建造教学而展开，在"稻田迷宫"中搭建出各种装置供儿童游览和玩耍。孩子们除了在装置中快乐地玩耍之外，也很乐于参与搭建。

　　"田园实验2017"有了更多的探索。一是形成了城市家庭招募和农村家庭招募的招募方式。通过前一次田园实验的经验，组织者意识到城乡交流不仅是将城市的资源导入乡村，也需要在城市与乡村居民共同的活动中建立平等互助的氛围，促进城乡居民互相沟通与了解；二是形成了以亲子交流为主题的活动形式。组织者安排了田间野食、蔬果绘画、与小动物互动等具有娱乐和教育意义的活动，促进了亲子交流和相互协作，使参与者在活动过程中亲近自然，感受乡村的氛围。三是形成了丰富、有层次的活动策划方案。在建造阶段，孩子们可以积极参与搭建活动，而在活动阶段，有"稻田野食""稻田童画""稻田游戏""稻田光绘"等活动，孩子们可以通过各种媒介去体验和感悟丰收之美。

　　"田园实验2018"活动以秋收为大主题，采用手作的形式庆祝收获。在"稻香十里"活动中，孩子们和家长一起制作属于秋天的香薰片。在"秋色尽染"活动中，孩子们在老师指导下体验非遗项目"扎染手作"。在"稻草雕塑"项目中，参与者亲自利用稻草创作出雕塑作品并进行比赛。活动策划方案体现了亲子互动、城乡儿童交流，以及儿童与自然乡土元素互动等主题，吸引了城乡居民、社会组织成员和大学生的参与。围绕麦田、稻穗、瓜果蔬菜与乡土手作等主题，本科生与研究生进行装置的创作和搭建，为田园实验提供活动开展的场所；社会组织成员作为手作工坊的导师组织活动；还有志愿者参与其中，带领儿童一起玩耍；而城市家庭与乡村家庭则在庆祝作物丰收的同时，增进交流和了解。

　　（4）农田、农事、农节。

　　田园实验从农业景观的时令性出发，结合"农田、农事、农节"，运用在地化技术进行低影响建造开发，链接各方资源打造建造与活动一体的乡村事件与临时性空间场所。田园实验从1.0到3.0（见表4.1），初步形成场地收割、临时搭建、活动事件策划于一体的模式，形成了一定的影响力。

表 4.1　田园实验发展对照表

	田园实验 1.0	田园实验 2.0	田园实验 3.0
主题	稻田迷宫	稻田野食	乡野秋波
场地营建	迷宫式不规则场地；收割难度较大	圆形场地，营造适合聚会的场地形式；形式简单；收割相对容易	条状场地，营造"秋波"主题的场地形式；形式简单；收割相对容易
交流活动	装置搭建与体验	侧重于亲子活动：稻田野食、稻田童画、稻田游戏、稻田光绘	大学生搭建装置，社会团体组织活动，志愿者带领儿童玩耍，亲子家庭参与稻香十里（香薰片制作）、秋色尽染（扎染手作）、稻草雕塑等手作活动
参与人群	同济大学师生、乡聚公社、村民家庭与市民家庭、村民与村镇干部	同济大学师生、乡聚公社、村民家庭与市民家庭、村民与村镇干部	同济大学师生、乡聚公社、村民家庭与市民家庭、村民与村镇干部、儿童亲子活动组织机构
人数规模	65人	76人	113人

这些工作需要构建强有力的合作网络，不仅需要村镇领导、村民、大学师生与市民的合作互动，还需要设计方、施工方、宣传招募、活动组织等的全面协调。为了确保活动的圆满开展，在活动开始之前就需要进行一系列精细化的准备，例如场地（空间、交通、专项保障）方案、导视标识和穿戴标识的设计都需要进行全面深入地推敲和准备。

4.3.2　文化事件在上海乡村

1. 2019 年上海城市空间艺术季活动

2019 年上海城市空间艺术季邀请日本"大地艺术之父"北川富朗担任艺术总监，以杨浦滨江等城市场景为主，其后上海乡村开始出现以文化艺术的植入来驱动乡村发展活力的振兴举措。

水 COOL·2019 乡村艺术季活动从 2019 年 9 月 22 日开始持续三个月，特邀国内外 20 多位艺术家和设计师，以涂鸦、雕塑、装置、摄影、表演等多元形式再造乡村文化新景观。艺术季开幕式如图 4.27 所示。艺术季的作品如图 4.28 ~图 4.45 所示。

图 4.27　艺术季开幕式

图 4.28 《归棹》（作者许晓青、冯婧婕、谯素芳、屈张）

图 4.29 大笔书法作品（作者朱敬一）

图 4.30 《方舟》（作者陈剑生） 　图 4.31 《水·酷》（作者陈涛）

图 4.32　手绘（作者林加冰）

图 4.33　《逍遥游》（作者李海涛）

图 4.34　《常相知》（作者李知弥）

图 4.35　《乘风破浪》（作者舒舒、鹏鹏）

图 4.36　《水天一色》《漂浮星球》（作者施政）

图 4.37　《鱼的诉说》（作者卜金）　图 4.38　《百姓：临摹姓氏图腾》
（作者麻进）

图 4.39　《与光同行》（作者秦岭）　　　　　图 4.40　《事象地平线——记忆》（作者吉元烨子（日））

图 4.41　《Man at the river》/《人·河畔》　　　　　　　图 4.42　贪生艺术季
（作者 Roland Darjes（德））

图 4.43　《Man in the Field》/《人·原野》　　　图 4.44　《苹果派》(作者谢艾格)

(作者 Roland Darjes(德))

图 4.45　《空中之城》(作者陈剑生)

2. 2019 章堰丰收·未来乡村生活节

章堰古镇位于上海市青浦区重固镇西北，始建于北宋熙宁二年（1069 年），已有近千年历史，现如今虽已衰落为村庄，但依然留有数百年前的金泾桥、兆昌桥、城隍庙等文物古迹，随着美丽乡村的建设正在逐步完善。章堰村村庄规划如图 4.46 所示。

2019 年 11 月 3 日，"章堰丰收·未来乡村生活节"于青浦区重固镇章堰古镇正式拉开序幕。"未来乡村生活节"由同济大学设计创意学院前院长、瑞典皇家工程科学院院士娄永琪教授，英国皇家艺术学院院士约翰·萨卡拉 (John Thackara)，"孟菲斯"设计小组创始人、Cibic Workshop 创始人阿尔多·西比克教授（Aldo Cibic）联合策划，由重固镇人民政府和中国建筑第八工程局有限公司及同济大学设计创意学院联合主办。

"未来乡村生活节"邀请了国内外的可持续生活方式和生产方式的创新践行者、专家学者、社会组织，以展览、论坛、工作坊、市集和音乐会等多种形式，探讨在环境、社会和经济可持续发展的背景下，未来乡村衣、食、住、行等新生活内容的创造以及乡村产业的技术、模式、业态的创新。展览和市集邀请了 30 多个国内外企业参展项目，汇聚 30 个创意环保市集品牌，展现 10 多位艺术家的艺术作品，涉及绿色建筑、环保材料、生态修复、非遗活化、旧物利用、文化复兴、社区营造、艺术介入和创新创业等多个主题。此外，"未来乡村生活节"还将开展包括玻璃、手绘、首饰等多场主题工作坊和音乐演出。

"未来乡村生活节"的活动内容如图 4.47～图 4.49 所示。此活动是由高校联合企业在章堰村这一拥

图 4.46　章堰村村庄规划

图 4.47　文化展览

图 4.48　文化市集

图 4.49　文艺表演

有久远历史的乡村举办的设计驱动乡村更新的事件。活动从村庄规划、场地设计、文创产品设计的维度，设计治理了古村原有的空间形态与历史文化遗存，以产品文创的方式带动了当地手工业等发展，这一过程引进了外部的人才支持与本地村民的参与。

3. 2021 上海城市空间分会场：海沈村农民丰收节

2021 年 9 月 23 日上午，上海城市空间艺术季浦东惠南海沈村展区暨惠南镇农民丰收节正式开幕（见图 4.50 ～图 4.51）。作为 2021 年上海城市空间艺术季的参展样本社区之一，浦东新区惠南镇海沈村社区于 2021 年 9 月 23 日至 11 月 30 日期间，以"新时代新乡村新生活"为题，呈现沪乡村民的美好乡村社区生活。海沈村因海而生，位于浦东新区东南部，为郊野单元规划保留村，G1503 绕城高速穿村而过，村内设立轨道交通 16 号线惠南东站，是为数不多的地铁直达村，多条公交线路串联起海沈村和惠南城区，对外交通十分便捷。海沈村也是两届场地自行车奥运冠军钟天使的家乡，惠南镇打造了一条"骑迹乡村·自在惠南"的骑行文化线路。以海沈村为核心，骑行和漫步已成为串联乡村社区生活圈的重要方式之一。此外，海沈村也是沪上知名农产品品牌南汇 8424 西瓜的重要产区之一。因此，海沈村也享有"地铁村、冠军村、西瓜村"的美誉。

图 4.50　海沈村城市空间艺术季分会场开幕式

图 4.51　海沈村城市空间艺术季分会场导览

　　海沈村景观更新实景如图 4.52 所示。海沈村对外交通呈现典型的近郊型乡村特征，在入选上海城市空间艺术季之前，海沈村已建成村域范围内的十五分钟生活圈，在满足社区生活的基础设施配置前提下，城市空间艺术季期间，惠南镇以海沈村为核心区，桥北村、远东村为辐射区，打造"1+9+X"的多维度沪乡生活新体验。"1"即为幸新路主展区；"9"即为庆祝建党 100 周年大地景观、海沈会客厅、钟天使荣誉室、沪乡空间、记忆海沈、秸秆艺术、稻田栈道、花卉基地、惠南东地铁站；"X"即为散落在海沈、桥北、远东三村范围的乡村生活服务点位，重点展现旅游休闲、自然生态等主题场景，让参观者享受低碳健康、便利共享的沪乡生活，体验多彩睦邻、活力多元、乡野逸趣、多方共治的乡村生活圈，感受宜居、宜业、宜游、宜养、宜学的乡村社区。

　　海沈村的城市空间艺术季活动是由政府主导的文化事件活动，在乡村社区生活圈规划框架下，文化事件的植入提升了村民在社区景观提升中的参与度，该活动也是上海乡村文化事件推动与品牌营造的典型案例。

图 4.52　海沈村景观更新实景

4.4　设计师参与乡村振兴建设

城市与乡村将走向高度共荣、共同富裕、多元发展的道路，"乡村总部、田园社区、田野旅游、智慧农业"将成为乡村经济的主要动力和乡村生活的主要场景。设计师走进乡村，面临着自身角色的转变、工作界面的拓展，传统知识结构体系的颠覆，因此也面临着极大的挑战和机遇。

上海高度重视乡村振兴战略的实施，按照"产业兴旺、生态宜居、乡风文明、治理有效、生活富裕"的总要求，紧密结合上海乡村实际提出振兴方案，重点围绕乡村治理、乡村风貌、村居民宅、生态环境、产业发展、公共服务、基础配套等众多方面进行综合提升。这就要求设计师一定要转变身份，适应乡村发展。生态文明建设不仅城市需要，乡村地区也迫切需要，参与乡村振兴成为设计师的时代使命。

（1）设计师向基层工作者转换。

从事乡村振兴，需要设计师从办公室走到村庄田间，去了解乡村的"人、物、文、俗、农、活"。设计师要脱下城市白领的衣衫，将自己定义为基层工作者，发扬这个群体不怕苦、不怕累、能战斗的精神，要有爱乡村的情怀。乡村建设项目十分繁杂，需要设计师付出大量的精力和智慧。在市场经济的大环境中，乡村建设项目的产出比较低，参与乡村建设更多是出于一种社会责任。

在乡村建设项目调研上，每一寸土地都需要设计师用脚去丈量，用心去研究。田、水、路、林、村的调研需要大量的时间和人力完成，尽管现代的科技设备可以协助拍摄村容村貌，但宅前屋后、村宅巷道的空间尺度还是需要在环境中去感受和体会。只有深入调研分析，用脚步丈量村宅的每一块场地，熟悉村庄的资源和优劣势，才能保障项目有效落地。

作为基层工作者的设计师，下基层服务贯穿整个项目，除了定期召开工程例会外，还要参加事前宣传会，将设计方案用朴实的语言向村民汇报，广泛听取意见。事中参与村民的协调会，解释村民关心的每个细节。

（2）设计师向懂农耕的新时代农民转换。

乡村景观除了村宅环境外，最重要的基底还是田野景观。田园是乡村生产的主阵地，保障着国家粮食安全。设计师参与乡村建设，应了解上海的农耕特征、农作物的生长规律和农业及相关产业的基本类型，在保障农田基本功能的前提下，创造独具特色的田野景观。例如，利用彩稻创作大地景观、利用水稻休耕期举办稻草艺术节等都需要了解农耕规律。同时，设计师应结合上海农业现代化的整体要求，及时储备智慧农业相关知识，为未来乡村绿色田园数字化转型预留空间。

乡村是农民的生活场所。围绕着村民生活场所的菜园也是设计师重要的设计场景。上海的乡村还保持着菜园经济，延续着蔬菜自给的传统。菜园是村庄环境的重要组成部分，设计师既要满足村民的使用需求，又要对菜园进行景观环境的提升。设计师应掌握季节性蔬果的生长习性，对菜园种植的果蔬进行分类约束。如黄瓜、豆角类蔬菜需要搭架，小块面积菜园的果蔬需要进行边界围合等。同时，也可以变废为宝，利用废弃的砖瓦为菜园铺设小径。这种景观菜园突破了常规植物种植的模式，需要每位参与乡村建设的设计师把自己置身于新时代农民的角色，才能让设计融入乡村生活。

（3）设计师向乡土工匠转换。

上海乡村建筑的迭代更新，需要大量服务于乡村项目建设的工匠。以往的乡村民宅建设中很少看到设计师的身影，村民常常按照自己的想法或是请有经验的砖瓦匠直接施工，以满足实际需求。大部分乡村民居使用年限较长，基本为砖混结构，两层至四层为多，一层建筑多为辅房，整体民居质量一般。漏水、墙体脱落、冬冷夏热等成为村民反映的主要问题。这些民居的修缮十分考验设计师。因此设计师需要去了解乡村民居的特点和修缮工艺，让自己成为乡村工匠，让自己的设计更接地气。

（4）设计师向乡村创客转换。

上海的乡村要服务城市，城市要反哺乡村。乡村逐渐成为中国经济新的增长极。返乡创业的创客将成为未来乡村的主人。上海乡村的创客文化近几年来飞速发展，乡创产业蓬勃发展，田园民宿异军突起，各类小型创意工坊、工作室遍地开花，乡村成为热门旅游目的地。乡村振兴的首要任务就是产业振兴，乡村除了智慧农业产业外，更需要大量的特色产业，才能避免同质化和低端化。乡村创客为乡村产业发展带来了新的思路。

乡创产业包括田园民宿、青年公寓、农耕体验、农家美食、亲子活动、乡村课堂、乡村养老、经济农业等。设计师要突破专业思维，以乡村创客的角色思考如何给乡村场景赋予新的功能，设计不仅要美观，还要为创客产业量身定做，努力将乡村的"美丽容颜"转变成"美丽经济"，服务未来乡村发展。

5 生态与绿色发展：乡村景观中的
生态保护与修复

- 乡村生态修复
- 面向"双碳"目标的乡村景观提升
- 郊野公园模式下的乡村生态保护与发展

5

乡村振兴战略并不是传统意义上的战略部署，它是全面的、多角度的、深层次的。"绿水青山就是金山银山"，在经济腾飞的时代，坚持绿色发展理念，营造美丽、清洁的环境，建设生态宜居的美丽乡村，让人们在乡村振兴中获得幸福感、归属感，是乡村生态建设和保护发展的终极目标。

乡村生态保护主要围绕"生态宜居"方针展开。"生态"一词是指自然与人文和谐统一，"宜居"一词则表明人民对美好生活、舒适环境的追求和向往。乡村生态保护模式的核心要素包括乡村自然生态环境保护、生活类基础设施建设和运行维护等。

生态宜居的衡量指标就是自然生态环境的优美度，而与农民生产生活紧密相关的种植业、林业、水系、园地等农业资源本身就是自然生态环境的重要组成部分。保护和利用乡村的田、水、林、路、园等自然生态环境要素，是乡村生态建设的基础。

5.1   乡村生态修复

自从十九大提出乡村振兴战略以来，乡村更新建设进入快速发展时期，乡村生态的建设是其中的重要内容。2022 年 4 月颁布的《中华人民共和国乡村振兴促进法》明确提出实施重要生态系统保护与修复工程，加强森林、湿地等生态系统的保护与生态修复，特别提到对于乡村水系的保护整治。2020 年 9 月，自然资源部发布《关于开展省级国土空间生态修复规划编制工作的通知》，提出把握生态现状的真实性、修复目标的科学性、技术路线的可行性、保障措施的可操作性的工作要求，以及自然恢复、辅助修复等生态修复目标和保育保护、提升各类生态功能的复合性目标，突出了对生态系统格局与功能的细化识别。这代表今后的乡村生态修复将围绕科学治理、重视质量和提升功能等角度来实施。

5.1.1   新发展目标下的上海全域化土地整治政策导向

党的十九大报告提出了实施乡村振兴战略。《上海市城市总体规划（2017—2035 年）》提出要建成具有世界影响力的社会主义现代化大城市，必须探索一条破解"三农"问题、实现更高水平城乡融合发展和生态宜居的新路。2022 年，上海市政府办公厅印发《关于实施全域土地综合整治的意见》，提出以街镇（乡）为基本实施单位，开展全域规划、整体设计、综合治理，统筹推进农用地整理、建设用地整理、生态保护修复和各类乡村建设行动，助推乡村全面振兴。可以看出，全域土地综合整治并不仅仅是规划资源领域单一条线的土地整治工程，而是在全域全要素的乡村规划和实施方案基础上，各方力量有序参与、各类资源有效整合的工作平台。

从土地整治的具体任务来看，统筹各类资金和项目，建立相关制度和多元化投入机制，整体推进农用地整理、建设用地整理和乡村生态保护修复，优化生产、生活、生态空间格局，促进耕地保护和土地集约节约利用，改善农村人居环境，助推乡村全面振兴；其中涉及林、田、土、水、园、路等乡村生态、生产、生活要素，而各个要素在土地整治过程中切入重点均有不同。

5.1.2 土地整治与生态修复

从景观生态学角度看，土地整治的过程是项目区景观格局改变的过程。在这个过程中，项目区内原有土地资源的景观格局和原位状态将被打破，从而对项目区内土壤、植被、水文、生物甚至地形等环境要素及其生态过程产生影响。

土地整治实质上就是对土地生态系统的重塑。根据众多学者的研究成果，将生态化土地整治定义为充分考虑整治区域的地域环境特征和空间分布格局，运用生态学原理、方法与技术，以土地持续利用为目标，以最小化破坏土地生态系统为前提，以优化土地资源空间配置和改善农业生产条件为主要任务，兼顾保护和恢复受损生态系统，结合田、水、路、林、村各个层级，融入景观生态设计和生物多样性保护要求的土地综合整治活动。

生态化土地整治工程，指的是在土地整治过程中，坚持生态环保的理念，采用生态友好的工程技术措施进行综合整治，维护农田生态系统平衡，保护生物多样性，降低能源损耗，最终实现生态效益、经济效益和社会效益的有机统一。这要求土地整治工程充分考虑到农业、人居、自然三个系统的互动关系，从而对实施的土地调整与生态工程措施的影响有完整认知。

要重视传统土地整治中的生态问题。传统型土地整治的手段，大部分只是简单地考虑增加耕地，而忽视土地生态系统各生态因子的改变对整个系统的影响，使得项目区的土地利用结构变得简单，生态系统变得单一和脆弱，进而影响物种的迁徙、物质和能量的流动以及生态的稳定和平衡，是不可持续利用和发展。土地整治传统的工程措施往往需要依赖大型机具的土方作业，这容易造成土壤板结，破坏土壤的理化性质；除此之外，生态修复工程的规划设计仍停留在较为简单粗放的模式，标准断面的设计模式无法适应多样化的生态修复场景，传统砖混材料工艺的粗放使用使景观的连通性受到影响，同时也破坏了乡村原有的景观风貌。

目前上海市的乡村已经开始实施新的生态化修复措施，如农田林网、生态化灌渠等，针对田野的鱼、蛙等生物的生存需求，设置有缓坡路径的农田沟渠，一定程度上回应了土地整治中对于生态廊道连续性与生物多样性的需求。

5.1.3 全域化土地整治面临的挑战

资源紧约束背景下上海乡村地区空间矛盾突出。上海是一个超大城市，经济高速发展，人地矛盾突出。《上海市城市总体规划（2017—2035 年）》确立了"底线约束、内涵发展、弹性适应"的发展路径。然而在资源紧约束背景下，乡村作为建设"生态之城"的主要阵地和稀缺资源，却长期面临空间布局零散、土地利用低效、耕地后备资源短缺且碎片化严重等问题，生态空间被逐步蚕食，空间风貌特色缺失。随着乡村振兴战略的深入推进，乡村产业、基础公共服务设施和生态修复等各类建设需求也日益增多，集中居住和生态游憩需求迫切，特别是在国家切实保障粮食安全、守牢永久基本农田底线、全面实施国土空间用途管制的背景下，农、林、水、路等工程用地空间和建设时序统筹性不强的问题日益凸显，导致建设项目落地难和空间布局优化难。因此，亟须寻找系统性解决乡村复合问题的综合性手段，对乡村生产、生态、生活空间进行统筹安排和整体优化，系统破解国土空间利用矛盾，助力上海实现规划目标，推动乡村全面振兴。

土地整治与生态修复是并行的整治内容，通过土地性质的转变与集约化利用，可将转变的土地修复为可供使用的农业、林业等用地。但目前多数生态修复任务仅关注于工程阶段的模式化生态工程措施，对于土地性质的调整与生态工程的开展缺乏预评估与实施效果监测，使得原本的生态修复目标无法实现。

5.1.4　提升土地整治管理水平的措施

随着近年来我国乡村振兴与国土空间规划的实践工作全面开展，乡村生态修复的规划设计实施传导模式初步建立，生态系统服务目标已经纳入各层级的治理框架，亟须在其基础上通过精准化的设计支持与转化传导，完善生态治理水平，具体而言，可以分为垂直纵向维度下的治理目标传导和横向交叉维度下的治理路径统合。

（1）垂直纵向维度下的治理目标传导。作为总体规划目标向下传导的环节，地方性的治理体系通过地方性的详细规划工具（如村庄规划等）实现技术传导，以用地类型与地被要素为指导依据，落实保障生态网络格局，并通过生态空间管控手段，对生态网络关键节点与核心区进行保护，针对其生物多样性、生态净化功能、防洪、经济产出等生态系统服务功能提出保护要求（《上海市村庄规划编制导则（试行）》，2010），甚至将乡村生态空间要素与特定生态结构（如水网、坑塘、林地与湿地等）以生态空间的风貌化策略引入村庄规划设计中（《上海市郊野乡村风貌规划设计和建设导则》）。在综合性的郊野公园规划设计方案编制中，按照其定义阐释的通过土地、环境整治等手段提供设施，形成可供休闲游憩的开放式生态郊野空间，进一步将详细规划的生态目标要求传导至要素设计尺度，提出综合性的生态环境改善策略，包括生态农业、林网优化、水系修复、湿地修复、保护野生动物栖息地与生态村庄、道路的全要素设计任务（《上海市郊野公园建设设计导则（试行）》，2014）。在工程技术发展方面，国土综合整治和生态修复已经为乡村重要生态系统保护和修复工程的重要工作内容（《中华人民共和国乡村振兴促进法》，2021）。土地整治工程的设计与施工往往作为空间实施的工程手段，是乡村生态修复的"最后一公里"，其目标与生态系统服务能力高度相关，成为多场景综合工程治理与多目标叠加的生态修复治理过程。依据上位生态空间的详细规划内容，促使规划用地范围内的生态要素形成生态廊道与斑块，营造多样化的生物栖息地，维护农田生态系统安全（《土地整治工程建设规范》，2017），满足生物多样性提升、生态网络构建、水土保持等目标。

（2）横向交叉维度下的治理路径统合。随着生态空间修复与治理转向社会、经济与生态系统服务多目标综合绩效最优的管控方法，乡村生态空间的整治和建设涉及多部门和行政条块的生态治理项目落实。横向交叉共治传导主要是需要根据多部门的不同责任将综合生态目标分解到各个部门专项规划与项目行动。在乡村生态要素复合网络归口管理的现状下，需要统合不同部门的技术规范标准以及生态修复工作的时空顺序，系统化梳理不同条块中基于生态系统服务的关键目标、空间对象、时空过程，并探索监测方法、数据标准和接口，从而在相应实施主体的各个层面制定完整的传导机制。近年来数字乡村尤其是生态数字乡村工作的快速推进，为基于生态系统服务精准分析基础上的多部门共治目标实现提供了技术可能。

从宏观尺度上，国土空间规划"一张图"代表着国土空间信息化成为新时期推进治理体系完善的重要抓手，而 2021 年 7 月中央七部门联合发布的《数字乡村建设指南 1.0》进一步提出了乡村地区的生产、生活、生态资料数据化目标，从底层数据平台构建层面支撑了乡村全要素生态治理的数字化技术应用。

供需匹配精准化成为乡村生态修复治理工作的实践需求。虽然纵向和横向层面的生态系统服务目标已经纳入相关生态修复工作框架内，但是各个专项工程的效益监测评价方法尚未统一。如何结合生态系统服务的供需匹配分析方法，研究分析生态修复项目尺度和功能方面的改善目标，是当前我国乡村生态修复设计的重要研究探索领域之一。

5.2　面向"双碳"目标的乡村景观提升

2020 年 9 月，习近平总书记向国际社会作出了"中国二氧化碳排放力争于 2030 年前达到峰值，努力争取 2060 年前实现碳中和"的重大政策宣示，开启了"双碳"目标引领下的经济社会发展新征程。在此背景下，上海市提出了在 2025 年达到碳达峰、在 2050 年达到碳中和的目标。乡村与城市共同构成了人类生活的空间，尤其是在上海市大都市区近郊型乡村的地缘特点下，其"双碳"目标的实现有更为充分的城市资源辐射优势，同时乡村的人居密度和环境适宜绿色低碳循环的更新改造。在乡村振兴的背景下，乡村有着更为充足的资源支持，同时乡村人居环境的提升、绿色农业的发展、生态可持续保护、郊野公园的建设让乡村"双碳"目标的达成拥有更多的策略场景。在城乡融合的发展背景下，乡村的"双碳"目标应以低碳、零碳甚至负碳效益为导向，通过绿色低碳技术构建人与自然和谐相处的乡村生态。

5.2.1　精准识别与动态制图技术

乡村精准化生态修复与低碳乡村实践的项目需要多源数据的采集，通常在不同的生态治理场景中，数据的类型也会有所侧重和不同。对于生态要素与生态过程的分析，上海市金山区漕泾镇水库村水环境提升案例中广泛整合了该地全面的水环境数据类型、农业作物种植数据、工程效益数据等，并在此基础上，针对流向、污染扩散等生态过程，采用插值算法模拟水环境污染扩散的分布情况；在生物多样性的案例中，则采用 Invest 模型分析人类活动对指示物种栖息地的威胁评价，形成了基于水环境、生物多样性、农田林网等场景的协作底图。

　　以上定量分析需要在乡村中布置监测网络与站点，采集生态数据，包括多光谱扫描数据、水环境碳足迹数据、土壤碳足迹数据等，进而开展预测模拟和精准评估（见图5.1）。

图 5.1　预测模拟与精准评估

（来源：作者团队自绘）

5.2.2 治理决策优化工具与价值评估

基于多元场景的数据分析，需要对接后续规划设计与工程措施的实施方案，因此需要构建分析与决策的智能化模型。以水库村农田林网提升项目为例，该项目需要满足村内农田林网控制率达到 95% 的要求，因此现状部分农田的边界需要补种单排或双排防护林。现行的土地整治导则仅提供了推荐的乔木清单，但在该村郊野公园与旅游开发的需求下，农田林网的提升需要兼顾景观特色、水土保持、经济价值、碳汇效能等多重生态系统服务功能，且在不同的用地边界需要匹配不同的生态系统服务性需求。因此基于生态系统服务供需匹配，项目团队对村民进行了需求调查，并将河岸带分段分类制图，然后根据文献整理各乔木生态系统服务效益分级标准，由需求问卷匹配乔木效能，进而可以兼顾不同用地对林网景观特色、生态效益等的多样化需求。生态系统服务匹配机制基于数据整合与标准制定，因此具备智能化开发的潜力。同时在环东中心村的案例中，采用最大容量法预测了 2035 年该村的人均碳排放情况。以上案例均验证了乡村生态治理模型分析的数字化、智能化、平台化的发展潜力。

5.2.3 全周期管控与实施的数字孪生技术

乡村生态治理是持续性的治理过程，传统治理多以一次性的工程措施为主，在实际使用过程中效果并不理想，可能导致乡村生态治理效果反复的后果，因此需要引入乡村生态监测与绿色性能化感知平台。

低碳乡村建设是长期建设与治理的过程。传统的建设实施过程是多部门、多条线的独立项目实施，而且缺乏项目实施后期的跟踪评估，可能导致乡村低碳目标导向的景观生态治理效果出现偏差。数字孪生技术在乡村低碳治理中的生态基底调查、规划设计与实施后评估阶段可实现对各周期的连续管控。

在生态基底调查阶段，建立乡村生态修复数字模型，强化对自然生态空间现状和演化规律的认知，推演农业空间（基本农田）、生态空间和村镇空间的变化，识别在不同空间尺度上的规划布局问题与障碍因子。

在规划设计阶段，利用数字孪生场景模型，探索不同等级尺度下各类空间规划指标的设定方法，动态分析不同低碳景观设计的相邻与相容关系，建立基于生产空间、生活空间和生态空间的"三生"空间格局与基础生态网络的生态修复规划空间配置技术；分析自然生态空间本底限制因子与生态工程相互作用关系，基于生态服务功能和价值提升、区域经济社会发展等目标系统集成各类生态工程设计，测度生态工程参数，提出针对项目全周期管控的设计方法。

在项目实施后评估阶段，通过生态监测设备与无人机动态制图，对总体生态系统服务能力与重点生态敏感地区进行评估与监测，加强项目全过程数字监管，定期量化工程碳汇效益，以评估是否达到低碳导向的生态治理任务目标。

5.3　郊野公园模式下的乡村生态保护与发展

上海郊野公园的建设模式为乡村生态保护和发展开辟了一条创新探索之路。在空间规划上，对田、水、路、林、村等环境要素进行综合治理与空间品质提升，对低效高能耗工业及部分农民宅基地进行搬迁，对文化古迹和高质量民居设施进行保留和有限度扩建，以满足游憩休闲需求；在土地政策上，采取"拆三还一"等建设用地减量奖励措施；在郊野公园开展多功能农用地、建设用地整治；在提升耕地质量和农田基础设施建设水平的前提下，探索不同地类的建设保护要求；在不减少林地面积和不破坏生态环境的前提下，实现零散耕地、园地、林地和其他农用地之间的空间置换和布局优化；对建设占用耕地的区域，探索耕作层土壤剥离再利用；适度建设休闲游憩设施，充分发挥公园农用地的生态、景观、文化等多元复合功能；探索实施乡村一二三产业融合用地保障、设施农业用地管理等政策，制定全域土地综合整治试点实施管理办法。

5.3.1　主要农用地的保护与利用

上海郊野空间的最大特点是叠加了郊野公园的场景特征，又具有都市郊野农业空间的整体景观风貌保护特征，这就涉及了对不同类型农用地的整体保护。《上海市生态环境保护"十四五"规划》明确提出深化农用地分类分级管理和安全利用，实现污染土壤全过程管理和建设用地全生命周期管理，以整体转型区域为重点有序开展土壤治理修复，探索应用生态型治理修复技术，建设环廊森林片区和生态廊道，加强新生湿地培育、保育和生态修复，加强生物多样性保护。郊野公园模式下，如何推进生态循环绿色农业发展，将生态循环农业示范区、示范镇和示范基地的建设与郊野公园建设有机融合，发挥农用地的生产、生态价值，是值得我们不断研究和探索的课题。这里仅就上海郊野农业空间的耕地、林地、园地、坑塘水面和养殖水面的保护和利用进行简要介绍。

1. 耕地的保护与利用

上海坚持基本农田的刚性保护原则，对于公园内的耕地和永久基本农田实施最严格的长效保护，严格控制非农建设占用耕地和以生态之名占用耕地；在国家耕地保护政策引领下，维系农业生产，保护农田生态本底，构建生态农业田园景观。当郊野公园的建设需要占用耕地时，上海当前实行的是"占多少，垦多少"的耕地占用补偿制度和基本农田保护制度。此外，政府也为农业规模化经营提供了政策支持，有助于使零散的农田连成片。

上海实施了耕地多样化保护和利用措施。保持和提高自然、半自然的耕地生境，充分利用现有的农田林网、田中林地及农田边界带，提高自然价值高的生态斑块的比例，提升生态效益。在高度集约化农业生产区，使零散的农田集中成片，依托农业的规模化、集中化经营打造大片农业视域景观格局。郊野公园中的农田既要有自然田地的肌理，又要增加景观的丰富性和多样性，促进乡村生态景观建设。乡村农田在集约化生产的同时，也要保持农田生物多样性，结合土壤的土质、肥力，水利、光照等环境条件，以及农作物生长特性，因地制宜、合理分配，采用轮作、间作混种等多种模式。化田成景，规模化种植特色农作物，塑造优美田园风貌特色，展现江南水乡意境。开展农事体验活动，打造休闲农业。对田间道路进行优化，使其形成乡野步行游径。开展农业科普教育，使郊野公园成为中小学农事体验的校外课堂。

2. 林地和园地的保护与利用

上海郊野空间的林地与园地呈现出零散的格局分布，在都市郊野空间的保护提升背景下，上海提出了提升林地和园地生态涵养功能的目标，进行林地调整必须遵循《中华人民共和国森林法》和上海市对公益林的建设规定。对分布在郊野公园内的市域生态走廊和生态间隔带，必须按照重点结构性生态空间的建设保护要求实施造林建设，建立增存并举的造林机制。优先促进现有林地提质增效，通过增加林木密度、优化林相结构等方式，提高现有林地的森林覆盖率。在保障永久基本农田和耕地保有量目标的基础上，有序实施生态建设。推进生态廊道内低效建设用地减量化，减量化后的地块宜农则农、宜林则林。结合游憩活动增加富有活力的林中休闲场地，配以相关设施以开展森林观光、植物科普和教育活动。优化林地植被结构，营造出富有江南特色和四季分明的植物景观。利用林下空间发展林下经济，形成林花模式、林草模式和林下养殖模式等。园地可根据各郊野单元现状及自身经济生产功能，形成特色农业产业。依托园地资源增加活动内容和服务设施，提供采摘、购物、婚庆等活动资源。

3. 坑塘水面和养殖水面的保护与利用

上海郊野农业空间的最大特色是拥有坑塘水面和养殖水面等农业用地，针对该类用地，目前主要的保护措施是沿用原有用地功能。坑塘水面和养殖水面以水体为主要特征，具有防涝抗旱、调节水源的作用。坑塘水面和养殖水面的主要利用方向是结合农村道路整治，以及中小型河道和圩区水利治理，也可以将部分养殖水面改造为水生作物种植区，或改造周边环境开展规模化水产养殖。坑塘水面和养殖水面的具体保护与利用措施包括位于村落内部的小池塘可予以保留；有条件的养殖水面可改造成垂钓池，开展经营性垂钓活动；可将部分水面改建为田间道、铺装人行步道或塑胶自行车道等。

5.3.2 水域用地和未利用地的生态保护与利用

上海郊野集中开展河道水系生态治理，主动融入"河湖畅通、生态健康、清洁美丽、人水和谐"的生态清洁小流域建设，实现林水复合、蓝绿交融。在水域用地的保护上，要加强河湖蓝线规划管控，严格限制工程建设占用水域的整治填埋，提高水生态安全保障能力。采取生态化设计，确保河岸的抗洪能力。在水流较急、河岸侵蚀较严重的地区可采用石头、混凝土护岸，将工程和生物技术相结合，综合提升河道生态景观服务功能。河岸尽量选择种植乡土植物，特别是具有柔性茎、深根可固定河岸的植物。可以调整和优化水体形态和布局，适当增加局部变化，柔化岸线。可以增设和改造部分河段桥梁，开展乡村零星湖泊、小型水面的景观化建设，进行驳岸生态化处理，保持江南水乡水景特色。利用河道资源组织水上游览交通，既可解决郊野公园交通问题，又可丰富乡村郊野游憩体验方式。利用小湿地资源，适度建设木栈道游径，可为游客提供近距离观察、体验郊野独特自然风貌的机会。例如，上海青西郊野公园中的"青韵野径"杉林湿地采取了保护湿地和鸟类栖息地的策略，设置了长达 1100 米的野径栈道。游客可观杉林鹭影，感受水上森林独有的林水相间的环境特色。"青韵野径"成为上海郊野公园一道靓丽的风景线。

河流水面等水域用地附属的滩涂、苇地、水利设施用地等可结合郊野公园水系，优化设计成局部景观节点，还可设计成水上观光游线。

上海郊野空间中还存在着较多分布较为分散的未利用地，该类型用地可发展为休闲农业用地，或转为生态用地等。

5.3.3　建设用地的更新与利用

1. 农村居民点的整治

由于农村居民点空村化现象严重，宅基地使用率低，需要全面整理居民点土地资源，利用国家对休闲农业和乡村旅游中闲置宅基地功能置换的相关政策，推进农村居民点整治，现状风貌良好的居民点予以保留或改造，拆除型村庄根据自愿原则将建筑拆除后复垦，引导农户集中居住。宅基地根据使用现状可被划分为保留型、改造型、拆除型和新增型 4 类。

基于上述更新需求，可以提出以下更新利用策略。一是对于保留型村庄需改善其周边环境，保持村民原有的生活习惯和社会关系，开展乡村旅游；二是结合"一村一品"的要求塑造乡村风貌，部分建筑按照游憩需求引入配套设施，宅基地在转变功能的过程中，用地性质和土地权属没有改变，须获取经营许可证等证件后方可运营；三是突显江南水乡特征，如长兴岛郊野公园，为了展现村庄沿河路布局的风貌特征，在现状基础上新增部分农民宅基地。

2. 减量低效工业用地

上海对低效建设用地实施减量化，加速推动低端加工业、养殖业以及堆场等"三高一低"产业退出及转型，"腾笼换鸟"为新兴产业、高新技术产业提供充足的发展空间。减量低效工业用地不仅减少新增建设占用耕地需求，还有效缓解了本市耕地保护压力。在现状郊野公园中，工矿仓储用地中工业用地占比最多，且存在许多低效高污染的工业用地。无论是上海的土地综合整治政策还是郊野公园单元规划，都已明确将全部工矿仓储用地减量以优化建设用地空间布局。

针对这些被腾退的工业用地，可以提出如下更新利用策略。一是推进减量化，对新增用地进行复垦还耕。一方面可新增耕地面积，保障了本市耕地保护任务落实；另一方面产生了耕地占补平衡指标，为新建项目落地形成了有效保障。二是通过减量化运作机制完善郊野公园设施，置换成与郊野公园功能相符的商业服务业用地、商务办公用地及文化用地，为公园提供服务和支持，如青西郊野公园的游客服务中心和长兴岛郊野公园的知青农场食堂。

3. 整合公园道路交通

郊野公园内道路交通用地主要包括公路用地、街巷用地、农村道路用地等。这些道路不仅延续了原有乡村道路的功能，在叠加郊野公园的游憩需求之后，应有面向村民与游客的复合化需求，同时兼顾生态廊道的效益，因此提出了如下的更新保护策略。

（1）强化公共交通优先策略，构筑内外衔接良好、内部肌理有序的慢行交通系统。尽量依托原有农村公路和乡村主干路作为对外交通的基础骨架，乡村内部园路系统的构建应以满足农业生产、方便村民生活、服务公园游憩等多功能叠加为原则。

（2）农村道路除了满足村民日常生活和劳作的交通需求外，也可以作为游客深入探访乡村的小径。可对部分田间路进行拓宽优化，提高步行游憩的可达性；将具有郊野趣味的林间土路、田埂路改造为乡野步行游径；再结合现有公园道路形成特色主题游览线路，如自然科普径、人文游览径、滨水漫步径和森林徒步径等，串联各区功能点和景点。

（3）满足公园游憩动线需求。设置园区专用旅游接驳线路，衔接轨道交通站点和公园主入口，营造多样的公园游憩体验。

（4）营造生态环保型道路景观。因地制宜优化道路的形式尺度、构造方式、铺装材质等，避免乡村道路与城市道路同质化。

（5）强化乡村道路景观生态建设。道路景观应符合乡村地域特征，保护和利用好道路两侧的原生乡土树种，道路绿化建设应强调先保护后绿化，体现乡村道路的生态景观特色。植物选择应尊重乡村景观的物候特征，根据道路界面的绿化种植色彩基调选定，打造在特定季节具有不同色相对比美的植物景观。例如，春季的樱花与绿色麦浪、秋季的金色麦田与火红枫林等。

4. 联动减量其他建设用地

除了以上的功能要素，其他建设用地参与联动减量，将集建区用地指标和原有设施用地用于建设乡村或郊野公园公共服务设施。公共服务设施用地政策参考《上海地区农家乐的发展优惠政策》《关于支持本市休闲农业和乡村旅游产业发展的规划土地政策实施意见》，公益性旅游配套服务设施用地可列入国有划拨用地名录。乡村休闲旅游等发展用地优先保障纳入国家规划和建设计划的重点旅游项目用地和旅游扶贫用地。

在郊野公园公共服务设施建设过程中，建立基础设施建设分类投入机制十分重要。建设生态宜居的美丽乡村，不仅要改善乡村落后的村容村貌，更要注重乡村污水治理、垃圾处理等基础设施的建设和运维管理。上海郊野公园模式下的生态保护和利用有其独特的政策背景和建设路径，是乡村郊野单元规划不断探索下的产物。一方面保护和利用离不开土地以及土地承载的功能；另一方面保护和建设利用又互相矛盾。如何满足土地的基本生态、生产功能是保护的前提和基础；如何协调乡村生产、生活与公园游憩功能是利用的关键。上海在实现多目标协同、多主体共生、多功能叠加等方面做了很多有益的尝试和探索。在实践的过程中，尚存在不完善的地方，如多目标下公共政策的制订、不同主体间需求的多样化、功能叠加的手段和边界等，都需要在不断实践中完善。

5.3.4　典型案例：上海市嘉北郊野公园

郊野公园的建设涉及土地政策、资金支持与市场化机制等层面。以上海市嘉北郊野公园为例，其项目开发具有以下特点。

（1）土地综合利用。嘉定区按照上海土地整治"总量锁定、增量递减、存量优化、流量增效、质量提高"的总体要求，以土地综合整治为核心内容，运用增减挂钩等多种配套激励性政策，开展田、水、路、林、村等农村土地要素在功能上和形态上的综合整治，一方面实现了农业生产规模经营等目标，另一方面切实推进了嘉北郊野公园的建设。

（2）财政专项资金支持。郊野公园的公益属性决定了其开发和建设是由政府部门主导，资金以财政支持为主。上海市按照有关政策规定，对嘉北郊野公园内涉及宅基地置换的项目和属"198"地块范围的工业地块进行减量化处理；对郊野公园内符合条件的项目，通过相关的村庄改造、产业结构调整、公益林建设、农田水利建设、河道整治、旅游发展等专项资金给予优先安排和重点支持。

（3）各相关部门协同编制规划方案。嘉北郊野公园的土地整治项目以政府支持为先导，农户参与为条件，部门配合为基础，专家指导为提升。方案编制过程中，嘉定区各相关部门积极参与，协同编制规划方案，确保方案切实符合实际需求及具有可操作性。

（4）政府与市场合作共建，社会资本参与建设。嘉北郊野公园实行投资多元化与项目实施方式多样化相结合的模式，面对资金难题，创新性地设立产业投资基金，满足公园项目区域内自然资源提质增效的大量资金需求，实现资本和资源的整合，提高政府财政资金运作效率。

嘉北郊野公园作为上海第一批启动建设的郊野公园项目，将土地整治工程与郊野公园建设相结合，开创了郊野公园土地整治的先河，在上海乃至全国尚属首例（见图5.2）。

在乡村生态保护与利用实践方面，嘉北郊野公园有以下创新。

（1）土地从单一整治到综合整治的有效转型。嘉北郊野公园尝试从单一性目标和手段的土地整治，向多层次、多目标、多方式集合型的土地综合整治转型，实现了乡村土地的保护性复合利用。嘉北郊野公园重视人与自然、人与土地的关系，注重人居环境与绿色生态，在传统耕作方式的基础上融入艺术化、社会化元素，将社会化农业的新概念融入郊野公园的建设，同时将传统的单一型农用地增量提质和工程型土地整治转变为全域生态国土空间营造、人文要素保护、自然田园风光塑造及休闲旅游开发等相结合的综合型土地整治。

（2）环境从单一保护到与生态景观的紧密结合。嘉北郊野公园占地面积较大，具有良好的农田、水系、林地、湿地等环境资源，并且保留着大量的原生态自然景观。嘉北郊野公园对区域范围内独有的自然景观资源、文化内涵和历史文脉进行梳理，在尊重自然、保护自然和半自然的生态系统的基础上，进行有针对性的土地平整及农业设施建设，构建以大规模农田保育区、特色作物种植区为基底的郊野公园风貌，推动项目区农业生产现代化的发展，建成兼具生态、景观、耕地保护等复合功能的基本生态网络格局，着力打造特色鲜明的江南水乡田园。

（3）功能从单一用地到复合叠加的高效协同。嘉北郊野公园以郊野单元规划为引导，以土地整治为抓手，协同开展各类用地的更新和功能叠加，统筹农村建设用地减量和农村居民点整治，清拆复垦零星、分散、低效、污染的工业企业及其他建设用地，在有效减少污染源和腾挪用地空间的同时，适度叠加公园游憩活动功能；开展农用地整治，关注特殊生态功能区域的休闲游憩特征，保护和提升乡村景观文化风貌；开展农田水利工程、机耕路、沟渠、支渠等水利工程设施建设和服务于生产、出行的农村田间道路工程建设，协调城乡建设、农业、林业、水利等专项规划，修建生态化的步道和游憩性的绿道系统，引导郊野公园用地的高效利用，在实施土地整治工程建设的同时，实现郊野公园模式下的乡村生态保护与可持续发展。

图 5.2　上海嘉北郊野公园实景图

（来源：https://mp.weixin.qq.com/s/3P19kg1-zt52-x91r8GvAQ）

6 新江南田园的综合实践：以上海市金山区漕泾镇水库村为例（2018—2022）

6

本章以上海市金山区漕泾镇水库村为新江南田园综合实践的案例，分别从乡村生态修复、乡村文化振兴、公众参与的乡村公共景观设计、村民居住点景观环境提升四个层面展示上海新江南田园的实践探索。

6.1 项目概况

6.1.1 漕泾郊野公园

1. 漕泾镇基本概况

漕泾郊野公园位于杭州湾北部，与金山滨海地区、上海化工区相邻，是《上海市城市总体规划（2017—2035 年）》和《上海市生态空间专项规划（2021—2035）》中规划的全市 30 座郊野公园之一，对区域的宜居宜游建设和绿色生态发展具有重要意义。漕泾郊野公园的核心区——水库村是最能体现农耕水乡风韵的地区，同时水库村属于市级土地整治项目范围，作为漕泾郊野公园的先行区进行重点开发。

漕泾地区历史悠久，6000 多年以前成陆后就有人类居住，从事渔、猎、耕种，生息繁衍。而漕泾古冈身就是上海地区仅存的古海岸遗址。汉初时漕泾傍柘湖，广袤的湖滨是生长芦草的好地方。唐宋时期漕泾地区大小河道通海，主要出海口漕泾、西护塘、潦缺渐成集镇。宋代因盐商云集，漕泾开始成形并形成集镇，并因镇旁有古代运送漕粮的漕溪河而得名漕泾。清朝时清政府设江海关，为上海地区最早管理海关业务的机构。清同治六年始有浙江岱山人来漕沿海定居，以晒盐、捕鱼为业。历史上的漕泾人有着丰富的取水、用水经验（见图 6.1）。

图 6.1   漕泾地区水系历史脉络

（来源：上海城策行建筑规划设计咨询有限公司）

2. 上位规划与发展定位

2018 年，上海市出台了《金山区漕泾镇总体规划暨土地利用总体规划（2017—2035）》，全面开始了在水库村的乡村振兴规划先行试点（见图 6.2）。其中，对漕泾镇的水系发展提出了规划要求，并将水库村作为近期重点规划发展地点，提出了以打造休闲水庄为主的上海乡村振兴示范区的规划目标。规划对镇内水系进行整体优化，保证水系畅通，增加水体交换，开展河道清淤及生态修复工作，达到"面清，岸洁，有绿"的河道整治要求，全面恢复河流水体的生态效应；同时增加亲水空间，打造滨水绿道，连接重要的旅游服务设施与交通站点，形成水绿相融的亲水空间。规划至2035年，河湖水面率达到10.57%。根据2018年11月底批复的《上海市金山区漕泾镇郊野单元（村庄）规划（2018—2035）》，漕泾郊野公园为市级30个规划郊野公园之一，将形成"一园两片"的空间结构（见图6.3）。"一园"是指将漕泾镇打造成为全域郊野公园，"两片"是以沪金高速为界分为南北两大片区，北部为"水漾农园"片区，南部为"水木栖谷"片区。根据市级部门批准，水库村为漕泾郊野公园"水漾农园"片区的核心区域和综合服务节点。

6.1.2　水库村

　　水库村位于上海市金山区漕泾镇北偏西1.8千米，东依万担港与沙积村毗邻，东南傍西横塘与营房村相对，南与金光村接壤，西以朱漕路阮巷村为界，北以奉贤区胡桥镇兴隆村为界。全村总占地面积4.16平方千米，其中耕田面积1.74平方千米，水域面积1.66平方千米。境内河网密布纵横，似天然水库，故得名为水库村，有中心港、火车港、万提塘、何家漾、东大漾、金岗娄横塘港等主要河流，贯穿全村东西南北，如图6.4所示。

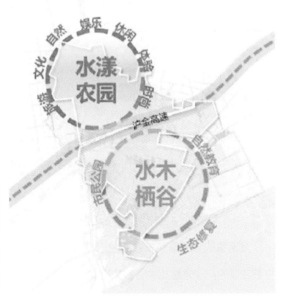

图 6.2　漕泾郊野公园规划图 1
（来源：上海市金山区漕泾镇郊野单元（村庄）规划（2018—2035）)

图 6.3　漕泾郊野公园规划图 2
（来源：上海城策行建筑规划设计咨询有限公司）

★ 漕泾镇镇政府
▢ 水库村
■ 沪金高速
▤ 朱漕路
▦ 河道

图 6.4　水库村区位图

（来源：水库村村庄规划图则）

　　水库村河湖现状水面率高达 19.2%，河道现状基本为自然土坡，目前河岸地面标高 3.6 ～ 4.3 米，局部岸线离民宅较近，河道普遍淤积，河底高程在 1.5 ～ 2.0 米之间，杂草丛生，河道过水断面小，水动力不足，不仅降低了河道的蓄水和排水能力，也影响了当地居民的生产生活环境。但水库村河湖自净能力强，整体水质一般。

6.2　乡村生态修复

6.2.1　河道水域现状及综合整治策略

1. 漕泾镇水乡环境特点与水资源利用矛盾

　　漕泾镇的自然基底是以蓝色水道为骨架而构建起来的，具有典型的水敏性乡村特征（见图 6.5）。水与漕泾镇的产业息息相关，在农业灌溉和生态保育等方面起到重要作用。漕泾镇水网纵横，共有大小河道 1279 条，全长 425.7 千米。河网密度为每平方千米 9.46 条，是金山河网密度最高的地区。其中市级河道 3 条；区镇界河 4 条；镇级河道 17 条；村级河浜 1255 条。纵横交织的水系为漕泾地区的农业和生活用水提供了基础，但也存在以下几点问题：①农业灌溉的大量用水和地下水大量开采造成了河道常水位和地下水位的

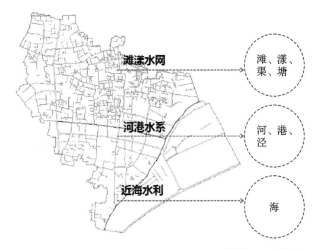

图 6.5 漕泾镇水系格局图
（来源：上海城策行建筑规划设计咨询有限公司）

下降；②农业面源污染通过灌溉支流进入河道；③乡村生活污水的未处理排放；④河道支流与村民开垦的沟渠仍存在泥沟淤积、废弃物堆积现象；⑤河道周边存在建造农业大棚和放养家禽等污染水源的行为。

2. 水生态修复技术推广的迫切性

在漕泾镇乡村水环境背景和郊野公园转型的趋势下，多角度、多层次地管理、净化和利用水资源是解决我国农村用水紧缺和生态修复问题的重要途径，在此过程中要注重创新绿色技术和生态景观设计的融合与应用。随着创新生态技术的不断涌现，净水技术与节水技术也越加成熟，雨水花园、绿色屋面、道路集水、绿地下渗等多种技术已经投入到生态社区和城市建设中。但是，我国雨水利用率仍然较低，且目前阶段的实践多用于解决城市问题，很少普及乡村建设中。近年来，乡村的快速发展使得硬质不透水铺装增加，灰色建筑覆盖了原有农田，减少了雨水下渗量，增加了地表径流，易引发洪涝灾害。此外，雨水资源的浪费、农村面源污染、水土流失等已成为不可忽视的生态问题。

（1）金山水环境现状与水环境生态修复技术研究。

金山区河道纵横，其良好的水环境是最大的生态资源。近年来，由于浙江上游入境来水水质较差，以至于影响到金山区西部主要河流及黄浦江上游支流的水质，对黄浦江干流水质也产生了一定的影响，全区地表水污染较为严重，水质较差。金山区是上海乡村振兴的先行区，漕泾镇是金山区乡村振兴的试点镇，漕泾镇水库村是上海市划定的风貌保护村，也是上海市第一批九个乡村振兴示范村之一，为了响应示范村建设设计目标，《金山区土地利用总体规划（2010—2020）》《上海市金山区漕泾镇郊野单元（村庄）规划（2018—2035）》《金山区支级河湖规划蓝线方案编制报告（2015—2020）》《上海市金山区水利规划》一系列政策文件对于河道风貌整治、河道绿廊建设、水质环境保护指标等方面进行了全面梳理和规划。政府部门也相应推出了《关于本市全面推行河长制的实施方案》《水库美丽乡村建设专项行动方案》以落实规划内容。建立了良好的监管体制，并带动了全区的环境整治积极性。但实践中也存在一些问题：①规划政策文件中大多为风貌整治与指标愿景的提出，少有落地的具体措施；②完成了两侧河道的重建后，乡村整体风貌得到了改善，但难以判定河道风貌的整治对于地区水环境提升的效果，以及是否解决了水资源利用和生活污水处理等问题。

（2）景观设计与技术应用结合。

将景观设计与技术结合是改善水环境的主要途径之一。郊野公园的规划设计倡导生态自然，生态修复手段与生态评价标准应当应用在郊野公园的水系规划中。周向频和黄燕妮（2013）提出通过构建多水塘-人工湿地基础设施对江南水乡地区水景观进行生态修复与改造。胡俊勇（2009）则提出在南方地区郊野公园规划中针对水体优化的设计手段。徐后涛（2016）从水域生态修复的角度出发对上海市中小河道生态健康评价体系进行构建与完善，并对其治理效果进行了研究。针对乡村水环境设计，俞孔坚（2014）提出水适应景观的概念，论述了湿润地区和干旱地区的引水、灌溉、滞留和分散管理方式等农业水适应方式，并指出目前水景观的研究要从传统的防洪抗旱等单要素研究转为复合功能研究，进一步探讨水景观的空间组成，尤其是关注形态学和美学价值。将节水景观技术有效应用到创新农业中，结合环境考虑水景设计的生态效能与美学效能。汪洁琼（2017）将水生态修复分为三个层面"水生态—水环境—水景观"，指出了水生态的综合效能，包括调节性服务、供给性服务、支持性服务和文化性服务，提出了18个水空间增效因子进行分析并研究其空间增效机制，强调污水截流与水体净化的重要作用，从三个层面论述水生态系统的提升对景观改造有很好的效果。姚亦锋（2014）提出以生态景观构建乡村审美空间，其中包括乡村景观元素田、林、水塘等的视觉设计策略与美感空间构建。

3. 水库村水环境概况

水库村水形式多样，有漾、河、圩、滩、渠等。村内多种水环境并存，主要包括鱼塘、水田、人造湿地和人工水景。全村共有河道35条，总长度为23165米，其中镇级河道5条，为万担港、仙水塘、朱家港、长堰中心河和柴船港；村级河道整治30条，分别为牛桥港、张家河、夏家河、阮家宅河、杨家宅河、北杨家宅河、张家宅河、水库中心河、火车港、李家港、何家港、朱家港支河、北余家宅河、平桥港、堰泾洋支河、堰泾洋、陈家浜、北张家河、张家塘、张家宅河、烟登港、烟登港支河一、烟登港支河二、水库余家港、杨家小河、王家河、水庄环河支河、水库何家宅浜、何家宅河、何家漾。

水库村水环境现状如图6.6所示。

根据现有资料调查，水库村的周边河网并未发现黑臭水体，有4条河道水质等级为劣Ⅴ，分别为张家河、杨家宅河、李家港、何家港，均为氨氮超标，主要是因为这些河道为断头河，且周边有居民生活污水入河。其余河道水质在现场勘查过程中总体观感较好，无居民投诉发生。根据现场勘探与取样研究结果，目前水库村河道水质多数优于平均值。时有鱼塘、虾塘的换水造成阶段性水质变差。

基于水质测量数据进行环境污染源分析，可分为点源污染和面源污染两类。其中点源污染主要为暴露的排水管道口，其端头直接暴露，未作污水处理，主要污染物为生活污水和含有高有机物的农业废水。面

用地类型		面积/万平方米
河湖水面		45.31
其他农业用地	坑塘水面	3.31
	养殖水面	39.45
	农田水利用地	0.69
小计		88.76

图 6.6　水库村水环境现状

（来源：上海城策行建筑规划设计咨询有限公司）

源污染主要为农业面源污染，按面源功能可分为三类。①家禽饲养面。主要污染源为家禽排泄物等。②工业废弃面。主要污染源为塑料水管、废弃橡胶和铁丝网。③农业种植面。主要污染源为农业污染源和化肥污染等。面源污染通过水道支流将污染物汇入水道，从而产生污染。面源污染是需要重点改造的片区。

黄浦江上游干流段水质等级多数为Ⅳ，明显优于浦南东片水质状况，故浦南东片调水方案总体思路为"北引南排，边排边引"。即在杭州湾落潮时开启龙泉港出海闸进行排水，预降河网水位；杭州湾涨潮时，关闭龙泉港出海闸。在黄浦江涨潮时开启北部控制线上的引水闸引黄浦江水进入河网，提高片内水位。如此引、排水反复进行，利用潮汐的涨落规律，通过水闸的统一调度，引入黄浦江较好的水源，以达到引清释污、加快水体流动、增加自净能力、提高片内生产生活用水质量、改善水环境的目的。

4. 水库村水环境的主要问题

（1）生活污水和农业污水未处理排放。

临河违建建筑较多，2010 年修建的新农村污水处理设施已基本失去功能，生活污染源入河；传统农业开水渠灌溉的形式容易造成有机污染物进入水体，从而增加其中有机质污染，还会造成浪费。

（2）水动力不足。

区域内河道多年未疏浚，规划断面不达标；坝基阻水，水系不畅，形成独立水体；河道淤积造成水体污染，以致水质较差。

（3）养殖塘管理不规范。

鱼塘、虾塘覆盖面积广且大，在调换水时易造成河道水体富营养化。

（4）缺少驳岸维护。

现状大多河道驳岸为自然土坡，水土流失，杂草丛生，河道过水断面小；河道总体景观效果较差，绿化无序；防汛通道未形成连续闭合，无法贯通；时村民无法到达滨水空间进行亲水休闲的活动。

5. 改善水库村水环境的策略

在充分调研与论证的基础上，漕泾郊野公园核心区定位为以水田为特色景观的水漾农园，逐步完善区内基础设施建设。在水系生态环境提升方面，将原有劣Ⅴ、Ⅴ类水经过处理提升至Ⅲ类水；在景观设计方面，通过水系改造、水生态修复和驳岸绿廊构建，在充分尊重现状、尽量维护现有水系格局与肌理的前提下，实现水系的合理利用，重塑水乡滨水空间，营造生态之水、景观之水，塑造可远观、可触碰、可游憩的水乡特色水文化，使水系环境成为漕泾郊野公园核心区水库村的亮点。

1）水质提升保护策略。

郊野公园的游憩功能要求水库村水系具有可触碰的水质条件，根据水库村水质现状与污染源的分布情况，以及水库村地下水位较低的水文条件，水库村的水质提升的策略如下。

（1）完善污水系统，严禁污染排放。

严禁生活污水、工业废水和农业废水直排进入水库村河道，禁止家禽散养在河道附近，从源头清除一切污染源。

（2）改善水流动力，提高环境容量。

结合水系疏通、建设泵闸等工程措施，实施"引清调水"，改善区域水流动力和换水周期，提高水体自净能力和水环境容量。

（3）实施河道疏浚，清除内源污染。

加强水系内源污染控制，定期实施河道疏浚工作，及时清除污水塘、臭水沟的底部淤泥、水生杂草和垃圾，减少污染物质向上覆水体的释放。妥善处置疏浚底泥和疏浚余水，防止二次污染。

（4）设置滨岸湿地，控制面源污染。

在农田、道路、苗圃等水陆交接区域设置滨岸缓冲带，控制雨水地表径流带来的面源污染。在缓冲带内种植覆盖率高、根系发达、生物量大的草本和灌木植物，截留过滤、吸收地表径流中携带的悬浮物及营养物质。结合"退塘还湿"，将农田排水、农村生活污水通过湿地净化后再排入河流，减少农药、化肥等农业污染物进入水体。

（5）开展原位净化，提升自净能力。

对于各类污染源已消除，但自净能力不强或对水面景观有较高要求的水体，开展生态原位净化，加速水生态的恢复及水质的改善。针对水质要求较高的河道可采用曝气富氧、生态浮床等技术，合理种植挺水植物、沉水植物、浮叶植物，提高水体溶解氧含量，去除有机物和氨氮等污染物。

（6）加强水体维护，保持水面清洁。

贯彻河长制要求，加强水体维护和保洁工作，开展日常巡逻，及时清除枯枝落叶、杂草和漂浮垃圾，保持水面和滨岸带的整洁。做好宣传教育工作，提高村民和游客的环保意识，共同维护河道治理成果。

2）湿地净化涵养策略。

湿地的净化功能是建立在一个完整的生态系统之上的，使污染物像其他任何物质一样在湿地内按照食物链上不同营养级的等级进行吸收、循环、转化、降解，任何一个环节遭到破坏，都会殃及其他与之有联系的环节，从而切断系统的能量流、物质流以及信息流，湿地的生态功能将不复存在。因此，湿地系统的完整性应放在首要位置，以保证湿地净化功能的有效性。在植物生长最需要的三种大量元素氮、磷、钾中，有机元素氮、磷属于水体污染监测的主要指标（TP、TN），水生植物对于污染物的去除机理便是将过量的氮、磷转化为生物量。将水库村视为一个完整的湿地生态系统，不同湿地植物群落的组合，对污染物的吸收、治理有不同的侧重点。选取不同的湿地植物进行配植，在达到良好的、有针对性的污染治理目标的同时，亦可营造不同风格、不同风貌的湿地景观带。

3）驳岸绿廊构建策略。

对于水库村 35 条水道进行驳岸绿廊构建，水道两侧设置 3～6 米的缓冲区，采用生态护坡形式，种植地被与乔灌木，植被的深根有锚固作用、浅根有加筋作用，能降低坡体孔隙水压力、截留降雨、控制土粒流失。主要采用人工种草护坡，搭配乡土树种。

6. 优化水系规划结构与设施布局

1）核心水系调整规划。

在综合考虑生产、生活、环境保护、景观游憩等功能之后，规划对基地的水系做了以下三方面的调整。

（1）填挖。规划对河道现存 28 处坝基断头进行了打通处理，回填部分水动力不足导致淤积断头的坑塘废水。

（2）拓宽。规划在水库中心河作为主要观光河道的基础上在北侧选择一条现状水系作为二级观光航道。王家河—水庄环河有良好的水质现状和河岸景观，可以将水库村的河道水面、入口广场、田园水街、民宿、皮划艇俱乐部等景点联系在一起。为了保证水上旅游的安全与畅通，需要对现有河道拓宽至口宽 25～30 米。涉及拓宽的水系长约 1218 米。

（3）改造。水系改造主要针对鱼塘进行。规模化渔业是水体环境污染的重要来源，鱼虾塘换水频繁易造成水体富营养。依据《上海市郊野乡村风貌规划设计和建设导则》中"退塘还湿"的引导（见图 6.7），构建生态湿地，同时新建生态型护岸，为多样性的动植物群落提供生存系统，净化水质，提高河道蓄排水能力。

新的水系格局形成后，将对核心区的水环境和水体质量保护更为有利，同时也保证了游憩景观的通航需求和农田的灌溉需求。

2）水系结构与分区划分。

规划后的水库村以"四横三纵"七条河道为骨架，依据水体功能以及景观元素形成由北至南四个水系景观分区，依次为"水 + 田景观风貌区""水 + 岛景观风貌区""水 + 村景观风貌区"和"高压防护农田保育区"，纵向水轴串联起各部分水体环境。

3）河道分级规划。

依据河道现状分级以及规划后的河道尺度以及使用情况进行分级，包括以下三个级别。

（1）镇级主干河道——7 条，宽度 20～40 米不等。

（2）村级主干河道——12 条，宽度 15～25 米不等。

（3）村级次干河道——村内的其他河道水系，宽度 10～20 米不等。

4）饮水调度与水流流向规划。

维持主要河道的水流流向，仅需调整仙水塘的水流流向；保证水面率的同时，适当调整村内河道布局，通过挖方将水系连通成环，通过填方将过长河道填埋，避免死水区域，充分利用现有坑塘及养殖水面，形成纵横交织的灵动水网。

5）湿地生态系统规划。

针对基地水质及现状产业分布的情况，规划进行的湿地净化分区如下。

（1）沉淀及植物综合净化区：水库村全村范围内的大部分水系。

（2）农田净化区：分布在水库村"水 + 田景观风貌区"和"高压防护农田保育区"两个片区的农田区域。

（3）生活污水净化区：主要位于居民比较集中的区域，分布在"水 + 村景观风貌区"的绝大部分水系。

（4）土壤过滤净化区：水库村全村的节点区域，主要目的是对鱼塘改造后的土壤进行过滤，以降低环境改造的影响。

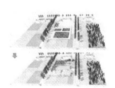

图 6.7　退塘还湿模式图

（来源：《上海市郊野乡村风貌规划设计建设导则》）

6.2.2 面向未来复合化需求与协同治理的生态修复路径

面对未来乡村复合化的生态修复要求，各职能部门应统筹协作，其中最为重要的是形成各个部门统一工作的分析体系，即共同知识系统（common knowledge）。共同知识系统的构建需要整合不同部门的分析评价指标，如水务部门对蓝线、水质指标、微生物指标等的管理；绿化部门关于绿化率、种植导则、植被清单等指标的指导；将完整的指标框架构建在统一的分析标准下，形成各方顺利沟通的量化基础。除此之外，分析的指标和制图需要统一在完整的底图中，从而避免不同部门在生态修复实施过程中在用地、生态流等方面的冲突。目前作者团队针对生物多样性与农业面源污染的生态修复场景已经展开了相应的探索，在上海市金山区水库村有了初步实践成果。

1. 生物多样性保护设计

（1）生物多样性保护设计背景。

2018 年上海市提出以"郊野单元（村庄）规划"为引领，统筹乡村振兴关键环节，为乡村振兴引方向、打基础。郊野公园建设成为了上海地区乡村振兴的重要抓手。在规划设计过程中应突破以公园理念建设郊野公园的思路，实现产业、生态、乡风、治理、生活的全面发展。但在现实情况中，农业生态系统是一个半自然半人工的复合生态系统，受人类的活动影响较大，乡村农业仅注重产量的单一目标而往往会造成生境破碎、生物多样性下降、外来物种入侵的后果。但需要认识到农业的生产过程往往与生物多样性在本质上具有同一性，农业本身就是自然生态过程的一部分，同时乡村的生产系统也已经成为乡村生态系统的重要组成部分。在生物多样性保护和农业发展的协调导向下，应关注人类农业活动与生物多样性之间的冲突与协调路径。

（2）生物多样性保护设计在水库村的实践。

本书对水库村的区位进行研究，从三个尺度分析了水库村在区域生态格局中的地位。首先，在全球尺度上，上海作为候鸟迁徙廊道，水库村所在的郊野区域是重要的候鸟迁徙途经地；其次，在金山区漕泾镇的尺度上，水库村北部分布密集的生态廊道，是重要的生态源地；最后，在村域尺度上，本书将水库村现有的用地情况制作成以植物群落为单元的生境制图，从而形成了水库村生物多样性栖息地的底图（见图6.8）。

根据前期水库村生物多样性基底调查，本书梳理了水库村生物多样性的基本概况，并根据水库村占地面积最多的水域和农田推断出该场地的指示物种，分别为三种蛙类（中华蟾蜍、黑板侧褶蛙和泽陆蛙）与两种水鸟（黑水鸡与白胸苦恶鸟）。分析其栖息地偏好可得到理想状态下几类指示物种的分布情况，叠加人类活动干扰的时间和空间分布发现，主要为居住用地、商业用地等人类活动分布地的干扰与农业耕作时间对指示物种生活节律的干扰（见图6.9）。通过三者的叠加分析，得到生物栖息地与人类活动的冲突空间分布分级评价与一年中主要农业活动（收割、播种）与指示物种习性（繁殖、冬眠等）的时间冲突识别图（见图6.10）。

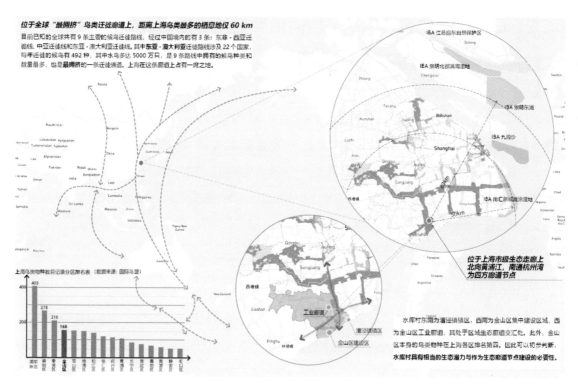

位于全球"最拥挤"鸟类迁徙廊道上，距离上海鸟类最多的栖息地仅 60 km

目前已知的全球共有 9 条主要的候鸟迁徙路线，经过中国境内的有 3 条：东非 - 西亚迁徙线、中亚迁徙线和东亚 - 澳大利亚迁徙线。其中东亚 - 澳大利亚迁徙路线涉及 22 个国家，每年迁徙的候鸟有 492 种，其中水鸟多达 5000 万只，是 9 条路线中拥有的候鸟种类和数量最多，也是最拥挤的一条迁徙通道，上海在这条廊道上占有一席之地。

位于上海市级生态走廊上北向黄浦江，南通杭州湾为四方廊道节点

水库村东南为漕泾镇镇区，西南为金山区集中建设区域，西为金山区工业廊道，其处于区域生态廊道交汇处。此外，金山区本身的鸟类物种在上海各区排名第四。因此可以初步判断，水库村具有相当的生态潜力与作为生态廊道节点建设的必要性。

图 6.8   水库村生态廊道分析

（来源：本章图片除单独注明外，均为作者团队自摄或自绘）

蛙类栖息地威胁源识别与质量评价

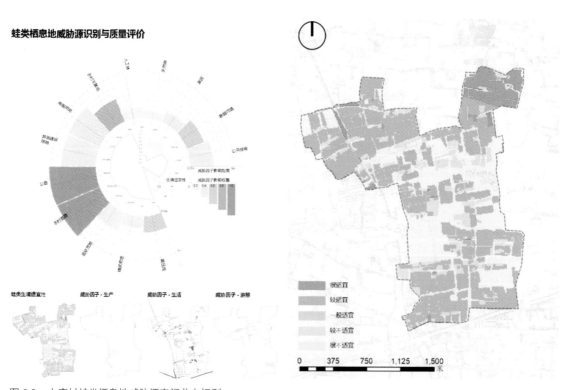

图 6.9   水库村蛙类栖息地威胁源空间分布识别

图 6.10　水库村农业活动与指示物种习性时间冲突识别

　　在此基础上，本书整理出生物多样性提升的分区与调整农业活动的清单，并提出"二廊五区"的规划框架，"二廊"即依托河流形成的水脉、道路和原有林地形成的林廊，这两种廊道在水库村叠加形成较均匀的网络"五区"，即核心生境保育区、蓝绿生态缓冲区、生境协调优化区、绿色生产发展区、综合建设控制区。

　　基于规划分区，本书整合了目前施工阶段的工程做法，针对不同分区的生态需求与实际情况，对施工方式进行筛选，最终得到每个分区内最合适的工程列表清单。

2. 水环境提升规划设计

　　水库村面临生物多样性下降的风险，同时面临着农业面源污染对乡村水环境的影响问题。水库村由于地理条件与农耕文化的影响形成了水网密布的格局。在此背景之下，水环境是水库村生态系统可持续发展的基础。

　　（1）基础资料调研。

　　金山区位于上海西南部远郊，南部毗邻杭州湾，处于太湖流域碟形洼地东南端。全境地势低平，河渠交织成网。水库村所在漕泾镇位于金山区东部，地处黄浦江上游支流龙泉港流域，内部水网密布。漕泾镇内规划有漕泾郊野公园，对比上海市同级别郊野公园，漕泾郊野公园的水域面积占比达到27%，位居第二。根据当地的降雨量数据分析，金山区降雨主要集中在八月份，期间容易发生场地水域漫灌，导致农业污染扩散，所以识别场地水网格局十分关键。在上海市区域层面，生态空间格局规划要求以水为脉，田园为底，林带成网，绿道串联，整治和恢复全市骨干河网，建成以龙泉港、张泾河、六里塘等骨干河道为主的蓝色网络框架。上位规划对金山区有较高的水质管控要求，要求到2035年，全区水环境功能区达标率达到100%，其中水库村所在的惠高泾以东片区水质应达到地表水Ⅴ类标准；城镇污水处理率达到100%，农村生活污水处理率达到100%。金山区分属上海市水利分片综合治理的浦南东片和浦南西片，水库村属浦南东片，浦南东片调水方案总体思路为"北引南排，边排边引"，即在杭州湾落潮时开启龙泉港出海闸进行排水，预降河网水位，杭州湾涨潮时，关闭龙泉港出海闸。漕泾镇位于金山区东部，内部水流方向大致为从西北向东南，河网密度为每平方千米9.6千米，是金山区河网密度最高的地区。复杂破碎的河网加之闸控策略可能导致水库村水动力不足。在镇级尺度，水库村所处的漕泾郊野公园北部以密集水网作为骨架，围合出大小不一、犬牙交错的地块，形成水绿相生的圩田水道生态基底。镇域层面规划要求保留现状水系，并通过扩宽部分现有水系，连接阮巷中心河、明华中心河、万担港、长堰中心河、仙水塘等镇级河道，形成水上游线，水面率由27%增加到30%，水质整体达到Ⅴ类标准。

经场地调研发现，由于水库村水网破碎，农业、居住、养殖分布分散，难以实现集中水处理，农田中水、养殖用水、生活污水以持续性或周期性的方式扩散到河流水体中，带来非常严重的水质污染风险。未经处理的生产生活用水导致河流水质恶化，最终影响生态、生产和生活，带来无止境的恶性循环，因此，保证水质达标是水环境治理的核心。

（2）规划设计实践。

针对以上的问题分析，本书整合了一系列的水文分析，包括流向分析、水文分区、水质分析、驳岸坡度分析、农作物分析、农业面源污染分布分析、灌溉片区分析、不透水面分析；从面源污染的源头、过程、末端三个环节分析制成水环境污染扩散图，从而识别出重点治理区域。

本书选取了目前常见的水生态治理工程措施，结合工程经济性、生态系统服务效能进行评价，并在源头、过程、末端三个环节进行筛选，最终得到对应分区最合适的工程措施。水生态治理工具如图6.11所示。

3. 农田林网设计

（1）规划实施传导目标研究。

本书根据水库村现状土地利用规划，结合江南乡村水网作为绿色基础设施主要廊道的格局特征与农田林网控制率的要求，综合土地利用规划制图与无人机多光谱扫描细化地表覆盖类型制图信息，对村域内可进行造林的用地类型进行识别，初步选取水田、水浇地、果园、商服用地、工业用地、坑塘水面与养殖坑塘边缘带状空间作为林带的落位区域，再去除现有林地区域，得出以下数据：场地内适宜种林的河道长度为16.41千米；新造林带总长度为32.82千米，面积为6.5631公顷。规划实施传导目标的研究资料主要包

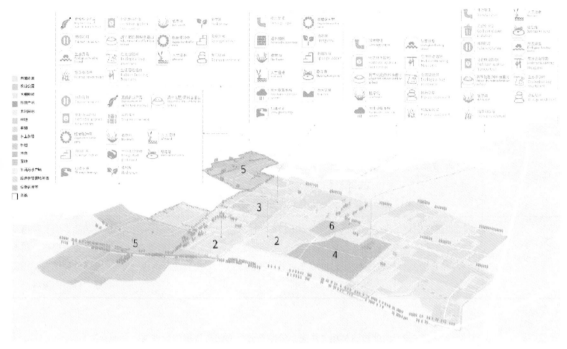

图 6.11　水生态治理工具

括以下类型。

第一类是规划指标，包括空间规划结构性指标与详细规划数量性指标两种类型。空间规划结构性指标（如土地利用规划、水利规划、基础设施规划、郊野公园规划等）用于指明乡村绿色基础设施类型与规模，详细规划数量性指标（如绿化覆盖率、林带宽度、驳岸做法等）往往作为方案实施的控制指标和工程项目的验收依据。

第二类是现状与立地条件的数据资料，包括生态基底的空间数据与立体条件的场地数据。生态基底的空间数据包括水文资料、气候资料、生物廊道资料等，甚至需要在规划底图（如第三次全国国土调查数据等）基础上补充尺度更为精确的调研资料，结合无人机多光谱扫描与田野调查进行细化制图。立地条件的场地数据是用来指导规划设计方案的基础信息，包括场地尺寸、基础地形、地下水位数据、土壤理化数据等。

第三类是社会经济文化运行数据资料，主要包括农业生产资料、建筑和基础设施信息等，此类信息常以清单列表的方式存储，是影响方案实施的周边要素，影响设计方案的优化与决策权衡。

本书围绕各级政策指标，结合生态系统服务分析方法和土地利用单元尺度，叠加相关制图信息，对水库村造林实施的政策指标进行梳理（表 6.1），同时，结合场地数据，构建水库村造林相关生态系统服务分析方法与数据传导框架（表 6.2）。

表 6.1　水库村造林实施的政策指标

实施尺度	具体政策指标	规定内容	
		质量性	数量性
总体规划尺度	《上海市总体规划（2017—2035）》 《上海市生态空间专项规划（2021—2035）》	规划郊野公园	—
详细规划尺度	《土地整治项目规划设计规范（TD/T 1012—2016）》 《上海市金山区漕泾镇郊野单元（村庄）规划（2018—2035）》 《水库村乡村单元土地利用规划》	生态治理分区	村庄林地面积控制 农田林网控制率 ≥95%
工程设计尺度	《农田防护林工程设计规范（GB/T 50817—2013）》 《村庄整治技术标准（GB/T 50445—2019）》 《生态公益林建设技术规程（DG/TJ 08—2058—2017）》	造林田野调查 方法与内容	林带功能类型、种植结构、苗木规格、树种选择、种植施工指标、种植距离等

表 6.2　水库村造林相关生态系统服务分析方法与数据传导框架

服务类型	场地生态系统服务需求评价				工程生态系统服务供应评估			
	量化计算		代理指标		量化计算		代理指标	
	分析方法	数据类型	分析方法	数据类型	分析方法	数量性指标	分析方法	质量性指标
生物多样性	InVEST 模型分析、自然断点分级	土地利用规划、地被覆盖图	—	—	因子赋分评价分级	苗木胸径、树种类型	—	—
景观效果需求	—	—	打分评价	—	—	—	因子赋分叠加分级	苗木胸径、种植结构、种植距离
常绿树种需求	—	—	"是否"判断	土地利用规划	—	—	"是否"判断	树种类型

（2）方案生成。

本书根据水库村造林用地所属的规划用地类型，对其进行生态系统服务供需匹配分析，主要针对生物多样性水平、景观效果、常绿树种需求等方面进行评价，由于生物多样性水平直接与林地的生态系统服务水平相关，因此此作为生态系统服务评价的核心指标。

本书对生物多样性的需求水平进行 1—5 分的评级，通过统计各生境中高频物种组成及其季节分布，选取主要活动范围在水中及水岸林地的黑水鸡、白胸苦恶鸟作为指示物种，运用 InVEST 模型，分析各类用地（如水田、果园、养殖坑塘、农村宅基地等）威胁因子的影响距离和影响权重，并就两种鸟类的生境适宜性对各类用地进行 0.0—1.0 的评级。以上数据加权叠加，在空间维度上根据用地边界形成从"很适宜"到"很不适宜"的五级鸟类栖息地威胁源识别与评价。评价越"适宜"的地区，视为生物多样性水平越高，由此得出 1—5 分的生物多样性评分。同时，根据用地现状对岸线景观效果进行分级。将以上结果叠加，得出各造林用地的生态系统服务供给分级情况。

本书根据土地利用情况和水库村村庄规划对村域内的河道进行分级。相比于次级河道，主干河道作为水上游览的路线，其两侧的植被群落需要具备较高的观赏价值，因此在满足生物多样性需求的前提下，需要筛选出树形较为优美、种植距离适中、可以构建较好景观效果的乔木类型。

不影响农业生产是生态修复工程的底线条件，因此造林必须考虑到不影响当地农业生产。因林带对阳光的遮挡会影响粮食产量，故基本农田的南侧不列入造林范围，而养殖坑塘应避免落叶堆积影响水质，所以需要选择常绿树种。

本书对造林用地的生态系统服务供给与需求进行比较，识别出供需不匹配的地区作为重点区域，分析其各项指标差异及需要提升的生态系统服务类型，为后续的生态系统服务评估提供依据；利用基于 GIS 平台的用地重分类算法，将造林用地划分为不同修复分区，分别对应不同类型的生态系统服务目标。在造林工程设计阶段，设计方案主要聚焦乔木树种的选择和河岸断面植被结构的设计，基于上海本土树种和滨水树种两个评价因素，初步筛选出水杉、池杉、乌桕等 16 种乡土滨水树种，然后从生态服务维度与社会经济维度出发，选取了水土保持能力、碳汇效能、生物多样性支持、生长速度、经济增值、景观效果、抗风性能、抗病虫害 8 项评价因子，结合种植成本评价，对各项指标由低到高按照 1—5 分进行评分，采用因子赋值叠加评价法，筛选出与造林分区生态系统服务需求相适宜的树种（见图 6.12）。

	用地类型	生物多样性需求	景观效果需求	是否要求常绿树种	适宜树种
一类造林分区	A水田、水浇地、果园、其他草地	较高	较低	否	水杉、落羽杉、黄连木、栎木、国槐、垂柳
二类造林分区	A水田、水浇地、果园、其他草地	较高	较高	否	水杉、落羽杉、黄连木、乌桕、垂柳、娜塔栎
三类造林分区	C养殖坑塘、坑塘水面	较高	较低	是	东方杉、柳杉、香樟
四类造林分区	C养殖坑塘、坑塘水面	较高	较高	是	东方杉
五类造林分区	B商业服务用地、文体用地	较低	较高	否	东方杉、池杉、中山杉、苦楝、朴树
六类造林分区	D工业用地	较低	较低	否	中山杉、香樟、苦楝、朴树

图 6.12　造林分区生态系统服务需求与适宜树种

苗木规格按照《生态公益林建设技术规程（DG/TJ 08—2058—2017）》的规定，胸径应控制在 8 cm 以内。此外，本书根据近自然林种群结构与植物类型，对滨水植物群落结构予以补全，并为水库村内现存雁鸭类、鹭科鸟类营造栖息地，最终生成基于在地工程合理化与生物多样性水平提升的造林规划设计方案（见图 6.13）。

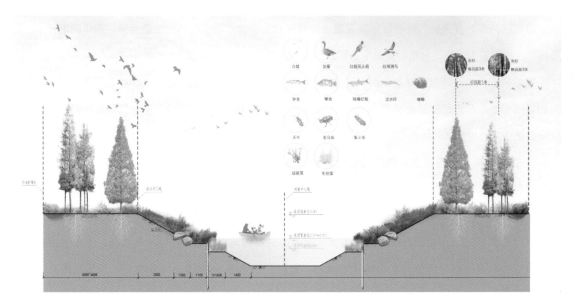

图 6.13　造林规划设计方案（岸线设计剖面图）

（3）实施过程监测与实施后评估。

实施过程监测方案围绕造林的环境效益与影响，从水质、生境、植被、土壤四个方面展开，细化的监测指标包括物种数量、叶面积指数、归一化植被指数、土壤保水力、土壤有机质含量等。按照不同数据的特征，监测方式选择实地采样调查、传感器实时监测、物种观察记录、无人机多光谱扫描分析（见图 6.14）等。监测频次从持续监测、一季一次到一年一次不等。各项监测数据经过处理和转译，综合得出造林工程的实际效益。实施后评估对造林工程措施的评价因子进行评价，得到具体提升的生态系统服务类型与水平，以及未达到预期的服务类型。实施后评估使用与实施过程监测相同的评价分析体系，可以有效构建实施效益和服务水平对规划设计数据的反馈体系，有助于识别规划设计中的待改进点，指导生态系统服务评价体系的改进。监测和评估结果还可以反馈到规划信息管理系统中，指导未来的规划设计工作。

4. 水网型乡村河岸带生态修复

新时代乡村振兴中的生态整治需要统筹乡村田、水、林、村、路等不同生态要素的关系，精细化识别各类生态空间与其他类型生态空间的生态流关系，从而实现乡村生态系统的整体性与协调性发展。

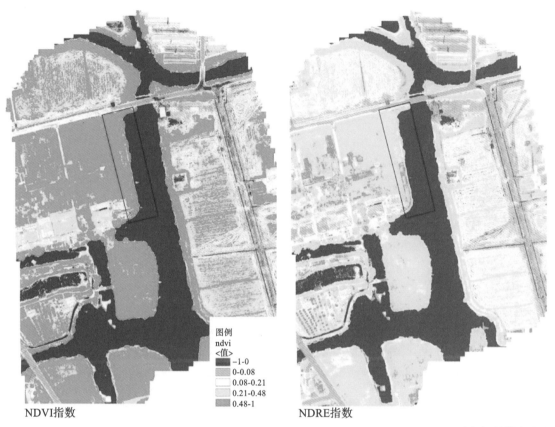

图例
ndvi
<值>
　-1-0
　0-0.08
　0.08-0.21
　0.21-0.48
　0.48-1

NDVI指数　　　　　　　　　　　　NDRE指数

图6.14　无人机多光谱扫描分析

（1）乡村河岸带生态修复背景。

河岸带生态系统作为河流生态系统的子系统，承担着调节径流、提升生物多样性等复合的生态功能。目前乡村河岸带的生态修复一般以河道等级划分河道标准段，在此基础上进行驳岸工程建设及植被设计，其工程设计的依据多为防洪、稳定驳岸、美化环境等单一生态目标，河岸带提升的目标定位依赖于设计师的现场勘察或与业主的交流，具备一定的主观性。

（2）生态系统服务供需匹配分析。

水网型乡村河岸带生态系统服务主要包括支持服务、调节服务与文化服务。水网型乡村河岸带的支持服务主要围绕生物多样性提升展开。河岸带生物多样性水平反映了河岸带植被群落提供生境的丰富程度与稳定性水平。水网型乡村河岸带的调节服务主要围绕径流调节、小气候调节和水净化展开。水网型乡村河岸带的文化服务主要包括提供乡村风貌价值、提供游憩娱乐价值和提供科教人文价值。

本书基于水库村土地利用现状数据及河道基础信息，筛选出水库村村域范围内的村级河道，并在 Arc GIS 平台上对村域内的农业用地、商服用地、坑塘、居民点、工业用地、生态用地、绿地七类用地与河道边界河岸带区段进行提取和划分，如图6.15所示。

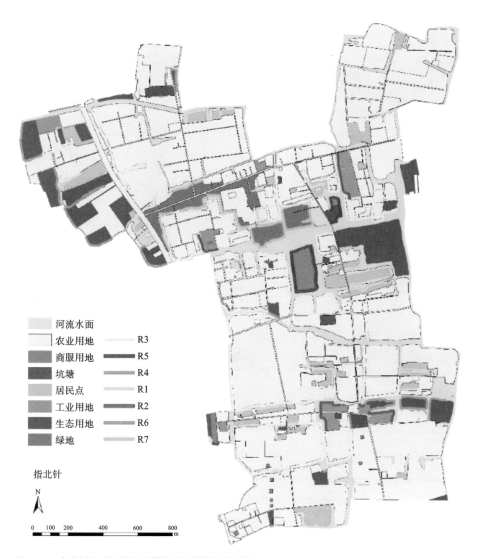

图 6.15　水库村七类用地与河道边界河岸带区段划分

本书根据河岸带研究单元识别结果，分别在 2022 年 10 月与 2023 年 1 月对水库村进行调研，共选取河岸带研究样方 114 个，其中居民点边界河岸带（LU1）样方 16 个，工业用地边界河岸带（LU2）样方 19 个，农业用地边界河岸带（LU3）样方 15 个，坑塘边界河岸带（LU4）样方 18 个，商服用地边界河岸带（LU5）样方 21 个，生态用地边界河岸带（LU6）样方 12 个，绿地边界河岸带（LU7）样方 13 个。河岸带生态系统服务供给评价结果如图 6.16 所示。

（3）水库村河岸带精准化生态修复策略。

居民点边界河岸带生态修复需要提升的生态系统服务为农产品产出服务、径流调节服务、小气候调节服务、水净化服务。

工业用地边界河岸带需要提升的生态系统服务为植被多样性提升服务、径流调节服务、小气候调节服务与水净化服务。

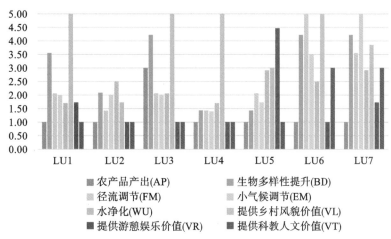

图 6.16 水库村河岸带生态系统服务供给评价结果

农田边界河岸带由于农业生产过程产生污染及农作物生长所需环境的特殊性，主要在径流调节服务、小气候调节服务、水净化服务上处于供给薄弱状态，需要进行提升。

坑塘边界河岸带供给薄弱的生态系统服务类型为农产品产出服务、径流调节服务、小气候调节服务、水净化服务与提供游憩娱乐价值服务，需要进行提升。

商服用地边界河岸带需要提升的生态系统服务为植被多样性提升服务、径流调节服务、小气候调节服务。

生态用地边界河岸带与绿地边界河岸带生态系统服务需要提升的生态系统服务相同，均为水净化服务与提供游憩娱乐价值服务。

构建水网型乡村河岸带生态系统服务供给评价体系，可以较好地识别水网型乡村不同类型用地边界河岸带生态系统服务供需特征，在此基础上精准化识别影响河岸带生态系统服务效能的空间特征因子，检索其对应的生态修复类型，可以形成精准化的生态修复策略。

6.3 乡村文化振兴

"上海市郊的乡村元素应当有别于苏浙皖等长三角邻居，有其独特的识别性。"2018 年以来，上海在全市 9 个涉农区寻找和梳理江南水乡传统建筑元素，提炼上海乡村独有的元素与文化，作为完善《上海市郊野乡村风貌规划设计和建设导则》和启动上海乡村振兴规划的依据。

2021 年召开的上海文化发展系列蓝皮书研讨会系统梳理了上海文化建设现状，预测、展望上海文化发展的新趋势，提出了未来上海加快国际文化大都市建设、进一步提升上海文化软实力的主要路径和具体举措。乡村文化作为上海文化软实力的重要组成部分，是提升上海文化竞争力、推进上海文化建设的重要引擎。

6.3.1　上海乡村的乡土文化符号价值

乡土文化包含民俗风情、传说故事、古建遗存、名人传记、村规民约、家族族谱、传统技艺、古树名木等诸多方面，这些可以归纳为四大方面：农耕文化、乡村手艺、乡村景观文化和乡村生活习俗。中华优秀传统文化的思想观念、人文精神和道德规范根植于乡土社会，源于乡土文化。乡土文化既是一方水土独特的精神创造和审美创造，又是人们乡土情感、亲和力和自豪感的凭借，更是永不过时的文化资源和文化资本。近年来，我国各地兴起了"乡土文化热"，乡土文化成为一种时尚文化，人们把乡土文化作为一种情结，作为重要的文化资源和文化资本，乡土文化表现出越来越旺盛顽强的生命力。乡村旅游大发展、美丽乡村建设等举措让一批文化底蕴深厚、充满地域特色的美丽乡村在全国各地不断涌现，乡村振兴也在全国各地逐渐兴起。

就上海乡土文化而言，根据《新民晚报》发布的信息来看，上海共有 43 个名胜古迹、26 个景观地标、31 项海派人文，其中黄浦江、沪剧、石库门、鲁迅、南京路、外滩、上海城隍庙·豫园、中共一大会址、东方明珠、徐家汇这十个文化符号被市民选为"最上海"乡土文化符号。在上海这样一个大都市，乡土文化不仅仅指农村文化，更是结合了城市化进程中产生的重要文化符号。"乡土"即"本乡本土"，强调地方色彩和区域文化，物质和非物质文化符号均可纳入。全市范围内的乡土文化符号评选，也是对上海本土文化的一次发掘、梳理和提炼。

对欧洲乡村文化而言，其主要采用修缮文化古迹的方式，依照"修旧如旧"的原则来制定并实施可行的保护方案，避免建筑艺术性和本真性的缺失。上海与欧洲对比来看，上海乡土文化的内涵层次相比于欧洲大部分地区的乡村文化更加深厚。在近年来乡土文化热度逐渐攀升的大趋势下，上海极具地域特色的乡村文化定会焕发出更加耀眼的光彩，其独特的民间艺术也有机会走出国门，让世界人民都能感受到其特有的魅力。

6.3.2　水库村文化地图

水库村文化地图项目将实地调研采集到的文化信息与地图平台相结合，让使用者在去往水库村之前就能直观全面地了解当地各类活动的开展状况，在到达水库村之后，能够通过地图的指引来规划路线，体验文化魅力。制作乡村文化地图的小程序，能够扩大文化传播范围，吸引更多人前往乡村，更好地传播当地特色文化，带动经济发展，还能提高村民的积极性，更好地实现乡村振兴。

1. 文化地图特色

（1）实时性。在乡村的文化活动开展过程中，小程序会根据活动开展计划与信息的实时更新，在确保正在进行的文化活动能够吸引更多的人前来参与从而达到文化输出结果的同时，进一步完善文化活动的前期宣传工作，体现出一定的实时性。

（2）直观性。小程序导览图上将村内各项文化活动开展的地点在地图上做出了明确标注，且根据性质将文化进行分类归纳，通过关键词检索和类别搜索都能直接了解到预期文化活动的开展情况与参与方式，且每一项文化活动界面的尾页能直接发表参与感悟、提出建议并对该活动进行评分，各种动态一目了然，使用直观性较高。

（3）普适性。虽然项目调研只针对水库村，但并不意味着小程序仅仅只适用于水库村。小程序既名为"上海乡村文化地图"，那便意味着该小程序对上海任何一个乡村均具有适用性。

（4）综合性。乡村文化地图除了包括传统地图的检索等基本功能外，还兼具项目设施等基本信息的综合呈现与导航、大众点评、买卖农产品和文化活动的服务功能与科普功能，它并不是一个二维的旅游导览图，而是乡村文化与地理信息等与地图平台的多方位综合信息平台。

2. 地图绘制流程

（1）本书结合调研前的文献综述与案例研究，按照物质文化与非物质文化遗产的两大类，各自细分出了更为细致的指标（见图 6.17）。

		名胜古迹	山水风景、名树古木、古代遗迹
	物质文化	村落建筑	祠堂寺庙、特色建筑、村落选址规划、工程建造
		美食特产	生物特色、农特产品、当地美食
乡村文化	非物质文化/精神文化	农耕文化	农学思想、栽培方式、耕作制度、农业技术、地方知识、农业信仰、农具文化、节气文化、农业生态文化、农业哲学思想、农业美学文化
		民俗风情	节日节庆、民俗活动
		人物特色	传说故事、名人传记
		传统技艺	各类非物质文化遗产
		历史沿革	历史演变过程
		生活习俗	村规民约、方言俚语、衣食住行、生老病死、婚丧嫁娶、民间信仰与禁忌、思想观念、人文精神和道德规范

图 6.17 乡村文化地图类型框架梳理

（2）在指标的基础上，通过实地调研，全面统计水库村村内具有文化价值的物质与非物质文化留存，如图 6.18 所示。

（3）最终以地图的形式上传在线平台，给游客提供更易于全面理解的渠道，如图 6.19、图 6.20 所示。

【吃】美食	
【住】民宿	风貌改造后民居建筑
	民居二期改造项目
	酷岛造梦营
	村民集中居住点
	休闲水庄
【行】交通停车	
【学】研学	三园示范点
	农湿复合生态示范点
	中草药科普公园
	理想村规划
	张大妈议事厅
	智慧农业创业区-水漾区
【游】乡游活动	金鹰训练营
	户外训练场地
	儿童香草花园
	社区小广场
	湿地公园
	青年之家
	慈善鱼塘
	仓库改造-会议室
	码头
	村史馆
	法制园
	尚品书院
	藕遇公园
	红叶大道
	为老服务中心
【购】农产	黑鱼产品加工
【娱】演艺游乐	
【展】展览	村口-精神堡垒
	景观桥设计展览
	墙绘

图 6.18　基于梳理框架的水库村文化地图点位

上海乡村文化地图　　···　◎

吃　住　行　学
美食　民宿　交通停车　研学

游　购　娱　展
乡游活动　农产　演艺游乐　展览

附近热门

水库村　　　　　水库村

首页　　　分享　　　日程　　　我的

图 6.19　上海乡村文化地图小程序界面

图 6.20 水库村文化地图

6.4 公众参与的乡村公共景观实践

　　水库村组织了一次公众参与的公共景观实践，实践对象为水库村的一处公共用地。为老服务中心位于金山区漕泾镇水库村长堰路北侧，原为废旧厂房，厂房旁有一块荒地。为老服务中心就是在废旧厂房基础上进行建筑和景观重建所形成的，其主要用途是为水库村的村民提供养老服务。一方面，村民作为主要使用人群，不仅对当地的实际情况了解得更为详细，而且对项目也有各自的预期，因此了解村民的想法对于项目的实际运营至关重要。另一方面，为老中心旁的菜地属于公共用地，村民自主打理菜园，产出的蔬果由老中心食堂接收后重新服务于村民，因此菜地的日常维护需要充分征求村民的意见，以寻求一种公平的分配方案。基于以上原因，在村委会的帮助下，设计方邀请 8 位老年村民开展了一次交流会，以提高公众参与度，更好地完善设计方案（见图 6.21）。交流会使用了便于村民理解的投票方法（表情贴纸结合口述），针对菜园的维护问题，通过公众参与的方式得出共同意见，即菜园交给为老中心的运营方进行日常的运维和管理（见图 6.22）。

图 6.21　村民们聆听和讨论方案

图 6.22　运维中的社区菜园

6.5　村民居住点景观环境提升

在《上海市郊野乡村风貌规划设计和建设导则》《金山区农村特色风貌民居建设导则》《美丽乡村建设指南》（GB/T 2000—2015）等相关导则中，建议乡村应结合上海市美丽村庄要求，积极推进新农村建设、实施乡村的保护、调整改造和利用。在基本保留人文、环境风貌的基础上，对传统乡村，尤其是古镇风貌进行保护和恢复。加强乡村的生态环境建设，提倡低碳可持续的生活生产方式，对乡村的污染源进行控制，对乡村的生态保护及环境卫生提出综合整治要求。应根据郊野公园内的生产生活需要，按照系统化、集约化、生态化的要求，建立完善的基础设施系统。

6.5.1　乡村社区环境的内容与优化策略

乡村社区环境是以大地景观为背景，以乡村聚落景观为核心的景观环境综合体，涉及以下 3 个层次的内容。

（1）乡村社区环境的宏观格局：涉及乡村聚落的单体建筑特征、宅院结构、聚落结构和聚落的宏观特征。

宏观策略主要包括宏观景观格局和“三生”空间格局。宏观景观格局包括基质、廊道和斑块。其中，基质为农田和水塘，廊道为道路和水渠，斑块为居民点、村民中心，商服用地、郊野公园用地和其他建设用地里的建筑物。“三生”空间格局包括生态、生产和生活。生态空间主要为河流及周边浅流湿地，生产空间为农田和果园，生活空间为物质聚落空间和非物质文化资源。

（2）乡村社区环境的中观格局：涉及聚落外部空间环境与大地景观环境特征。

①建筑组排列模式包括零散、并列、半围合、围合等。

②水、路、田、村（河流、道路、农田、建筑）排列模式如图 6.23 所示。

村—水—村	村—水—田	村—水—路
村—田—水	村—田—路	村—田—村
村—路—水	村—路—田	村—路—村

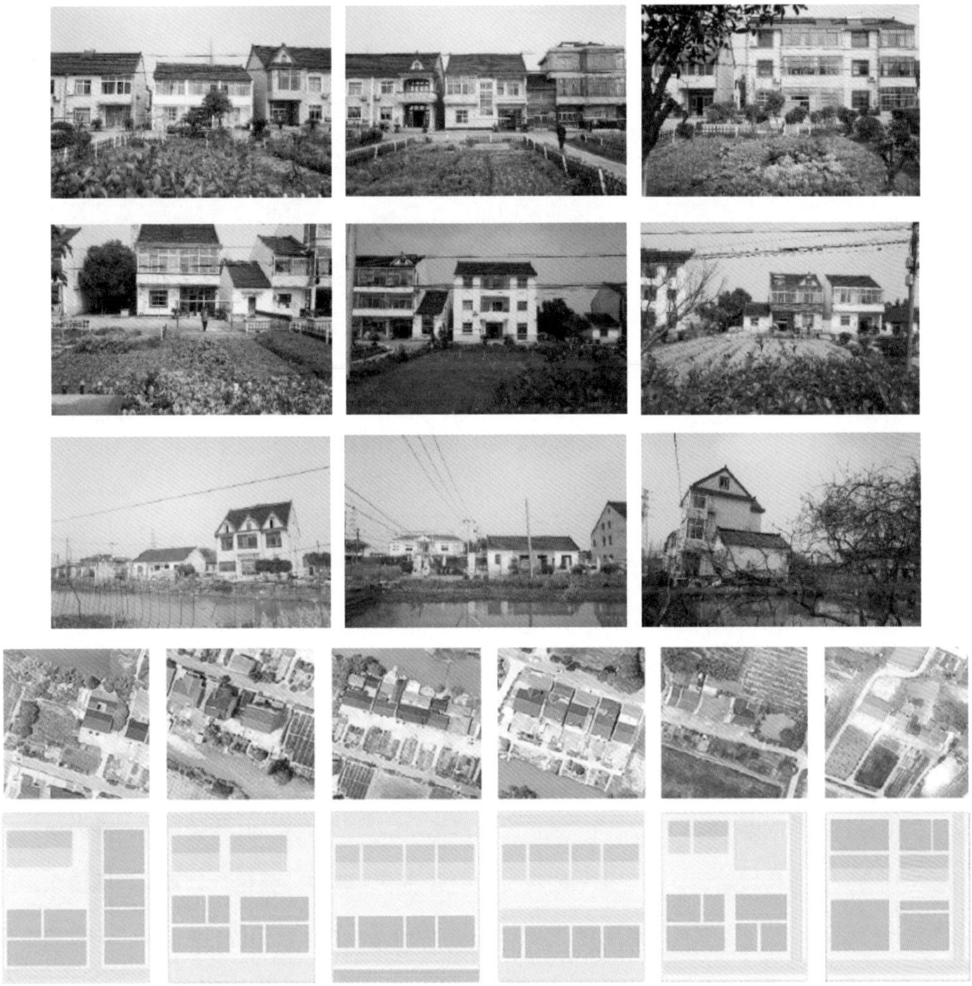

图 6.23　水、路、田、村排列模式

③优先选择具有一定资源或区位交通优势条件，对周边有带动作用的展示利用区域，打造村内"微空间"，主要包括公共建筑、中心广场、健身场地、沿河广场、街头广场、街头绿地、入口广场、公共停车、古树名木等节点空间。

（3）乡村社区环境的微观格局：涉及聚落与外部景观环境之间的连通体系与物质、能量、信息的连接体系。

从建筑风貌和建筑与外界的物质能量信息连接体系出发，调整建筑的材质与颜色、屋脊与屋顶形制、山墙设计等方面，并重点研究建筑与河流水系的连接空间。

综合宏观、中观、微观三个层级的特征，乡村社区环境的优化策略如下。

①优化村落格局，改善公共环境。

②新建社区组，打造共享空间。

③重塑乡村风貌，延续特色肌理。

6.5.2　水库村居民点更新整治

1. 保留居民点

沈家宅位于水库村入口、长堰路以南，以12户农宅为试点进行保留居民点房屋更新改造。沈家宅是水库村乡村振兴的首个改造宅基，改造前宅前屋后多是养殖棚，环境较差。在宅基及环境空间的改造过程中，沈家宅一方面对原宅基统一进行外立面粉刷，另一方面对北侧邻水养殖棚统一进行拆除，增设人行步道，规划整理临水驳岸及种植空间，根据宅基周边原有乔木（朴树、女贞、无患子）的点位，重新调整了种植空间的布局，在种植区域中增加了碧桃、枇杷、樱花、橘树等观赏类树种，以满足村民对植物四季变化的观赏需求，提升村民的生活品质。水库村集中居住点鸟瞰图如图6.24所示。村民河岸洗菜场景如图6.25所示。

2. 新建居民点

农民集中居住是乡村振兴示范村建设的重要内容，水库村在完善村内基础设施建设的同时，探索农民集中居住路径。为了尽量减少搬迁户数，实现集约利用土地，并将最美的风景留给村民，漕泾镇在规划水库村农民集中居住点时充分考虑地段和现有宅基相对集中情况，最终形成沿水库村村内南北向主干道水泾路布局三期农民集中居住点的规划方案。

针对乡村风貌问题，水库村提出了"强化自然禀赋、生产性公共空间、传统轮廓未来内涵"三项设计策略，目标是打造一个与传统对话、面向未来的农村集中居住点。其中"强化自然禀赋"围绕水、田、林、路的自然郊野特征塑造农村集中居住点风貌。500米长的中心河水面、石板桥、生态草坡与候船亭组成的岸线、白色围墙与硬山、重檐和山型黑色屋顶，以及穿插其间的乔木共同组成了蓝、褐、绿、白、灰、黑的多层次水平线条，展现与田园亲近的生态村居意向。"生产性公共空间"体现在结合 300 平方米的滩渡，布置菜畦、滩渡口和大树广场等公共空间。菜畦种植着蔬菜和果树，既是村民的自留地，也是游客认领的生态菜园。滩渡口既是游船和赛艇码头，也是钓鱼休憩的滨水平台。由朴树的树冠限定出传统意向的村口广场，农时是晒谷场，闲时则是游客与村民同乐的第三空间。

图 6.24　水库村沈家宅鸟瞰图

（来源："上海规划资源"公众号）

图 6.25　村民河岸洗菜场景

　　在生产与生活兼容目标下，农村集中居住点的村宅设计兼顾了村民自住与乡村民宿运营的需求。通过双出入口的设计与对空间的精细化划分，每种户型都可以形成村民自主的私密性空间和可以对外出租的经营性空间。两部分可分可合，互不干扰。经营性空间充分考虑了标准化设计，具备集中经营的规模化接待能力（见图 6.26、图 6.27）。

图 6.26　新建居民点实景图

图 6.27 集中居住点鸟瞰图

3. 三园示范点

"三园"即花园、菜园和果园。三园示范点——让每个宅基都"靓起来"，将在保留原有生态肌理的基础上打造 "微田园"、布置"微景观"，形成"一步一景，别具趣味"的宅基环境风貌。在小小的水库村里，三园示范点进化出 4 个版本，将村民的宅基地与公园、道路都结合起来。如图 6.28、图 6.29 所示。

（1）三园示范点 1.0。

每家每户都从家门口分出一块地作为共享空间，在方便居民交流的同时产生了"1+1 > 2"的景观效果，符合"美丽乡村"的建设目标。该示范点也成为水库村的一个标志性文化符号。由于议事厅位于该居民集中点，共享园中划分了交通道路供居民出行需要。

（2）三园示范点 2.0。

该区域与中草药科普公园结合形成特色种植区域，该种植区域包括花、草、蔬菜和中草药种植。除了景观效果之外，公园独有的科普功能使其拥有了举办研学和乡游活动的可能性，二者的结合使得该地逐渐成为水库村的一个新网红打卡点，吸引众多人前来学习参观。

图 6.28　中草药园实景图

图 6.29　小菜园实景图

（3）三园示范点 3.0。

该区域位于村民集中居住点之前，靠近水库村大型服务设施"酷岛造梦营"和"幸福码头"。该示范园除了为居民日常居住提供方便外，因所处位置靠近水岸，其形状设计方正，方便"酷岛造梦营"水上集市活动的开展，同时也为其民宿酒店等商业服务的提升提供便利。

（4）三园示范点 4.0。

该区域与综合为老服务中心相结合，由于靠近道路，设计方案将村民的宅基地与道路边的林地相结合，为村民提供了一个户外休闲娱乐集会的空间。园区被分隔成多个矩形空间，种植池中种植多种时令蔬菜，可供为老服务中心餐厅使用。

7 趋势与展望：上海未来乡村风貌与挑战

- 新机遇与新动力
- 新技术与新机制

7

7.1 　新机遇与新动力

7.1.1 　上海乡村振兴面临的问题与挑战

1. 乡村产业须提质增效

一些示范村产业的附加值、品牌价值还不够突出，进村发展产业、进行乡村振兴建设的企业较少，村里或镇里就业机会不多，尚未形成有规模、有知名度的产业综合体，缺少有影响力和竞争力的行业标杆。新产业新业态植入力度普遍增大，有影响、有特色、有声势的项目正在逐步增多，但总体上仍然存在谋划不深、能级不高、产业体系有待实化的问题。

2. 土地政策须进一步释放活力

上海乡村振兴规划土地支持政策、民宿发展政策出台后，土地资源盘活仍然存在瓶颈。一些村规划建设用地空间偏少，停车场、卫生间等旅游配套设施落地难，一些村由于所在地区郊野单元规划文件编制较早，而产业培育需要一个过程，出现了新增产业用地需求未能纳入规划的情况。

3. 示范村工作持续性有待增强

示范村建设投入资金大部分来自政府补贴，社会资本较少，导致一期建设任务完成后，后期持续深化建设工作难以维持。一些示范村在建设过程中忽视了软硬件同步谋划，使得建设和发展效率不高，给可持续推进带来影响。

4. 乡村多元数据难以整合

在"双碳"和生态修复精准化的多元目标下，乡村振兴中的生态修复难以精准化"制图"，标准化的"工程措施＋单位面积规模估算"模式成为生态修复工程的普遍模式，这种模式会导致资金投入、工程措施与实际生态问题的错位；乡村振兴中生态修复目标的传导多层级、多条块，缺乏统一的决策数据基础，对于实施后效果缺少监测评估和展示呈现，难以筛选出真正的适用性技术系统；乡村振兴中的低碳绿色发展的生态效益难以量化，影响了多元化社会资本的介入，加重了公共财政的负担，限制了绿色金融手段在乡村的引入。

7.1.2 　新机遇：长三角一体化、城乡融合发展和基础设施建设等政策引领下的乡村快速化建设

《上海市城市总体规划（2017—2035年）》提出，乡村地区是未来大都市空间和国际化大都市功能

体系的重要组成部分，要通过生产方式转变带动农民生活方式转变，从而建设美丽乡村。《上海市乡村振兴战略实施方案（2018—2022）》指出，上海实施乡村振兴战略，要坚持面向全球、面向未来，推进绿色田园、美丽家园、幸福乐园的"三园"工程。为更好地协调上海、浙江、江苏和安徽城市圈的空间与经济发展，中共中央、国务院于 2019 年发布了《长江三角洲区域一体化发展规划纲要》，该规划最初旨在调整区域交通、能源和城市服务的尺度，后逐渐将开放空间纳入规划范畴。同年发布的《长三角生态绿色一体化发展示范区总体方案》提出了与开放空间相关的具体目标，主要关注生态空间和永久基本农田的保护问题，但依然停留在定量描述和指标化层面。2020 年 6 月，《长三角生态绿色一体化发展示范区国土空间总体规划方案（2021—2035）》明确了蓝绿开放空间的比例及风景道路、绿道和蓝道系统的长度和整体结构。这是国内首个跨省域的国土空间规划，具有里程碑意义。

上海乡村的未来发展应保持可持续发展的状态，充分利用好大都市区的辐射优势和与其融合发展的条件，在整合资源的基础上，打造一个与中心城市具有天然的互补性、协调性和融合性的都市乡村。未来上海大都市周边乡村发展应按照"产业引领、品质提升、载体先行、特色示范、多元投入"的总体思路，以促进城乡生产要素双向自由流动为立足点，以村镇开辟新空间为突破口，以市政基础设施建设为黏合剂，优化"主城区—新城—新市镇—乡村"中的村镇体系，高效补齐乡村基础设施短板，树立城乡融合发展样板，推动城乡资源无障碍双向流动、城乡基础设施和公共服务合理布局、城乡风貌相得益彰、城乡文明双向开放的城乡融合新体系。国际大都市郊区乡村已逐步形成共生型治理模式，即不同性质但又相互紧密联系的治理主体，在一定环境中按某种共生模式或机制形成的关系网络和治理形态。上海未来的郊区乡村，需要向多元投入、多主体共商共建共享的共生型治理模式转型，成为"产业兴旺、生态宜居、乡风文明、治理有效、生活富裕"的新农村要求的率先践行区和创新示范地。

7.2 新技术与新机制

7.2.1 新技术：乡村数字生态工程

目前的乡村生态实践仍以传统的标准化模式与图纸估算规模模式为主，前文主要讲述了面向未来生态修复的工作流革新策略，但该方法的实施依赖于乡村生态数据的收集与整合，这进一步验证了未来乡村生态治理的数字化、智慧化需求。

乡村数字化建设的途径需要从数据的全面收集、智能分析与后续评估三个阶段进行完善。作为三个环节的支撑，面向双碳与生态治理的乡村数字化建设主要有如下途径。

（1）乡村数据监测点的布置。目前上海市开始在乡村布置数据监测点，面向乡村水环境、植被碳效益、生态系统服务效益测算等方向采集相关数据。

（2）乡村数字化分析模型。在目前乡村生态与治理的相关研究中仍以中大尺度的模型分析为主，在小尺度上仍缺少精细化的研究模型，在类型复杂且要素交织的乡村生态治理领域，对小尺度生态修复实践中的模型分析与制图探索，未来仍需要开展进一步的模型研究。

数字乡村政策导向下的乡村治理对数字化转型的关注逐渐增多，近几年兴起的数字农业与乡村产业的数字化管理已经证明新技术手段对乡村生产力与管理成本的正向作用。在未来，结合乡村治理的协作工作流与数字化管理平台将推进乡村治理由过去的分而治之转向更紧密的协作治理。

7.2.2 新机制：乡村建筑师、乡村责任规划师参与乡村振兴

2021 年，为深入贯彻党的十九届五中全会和 2021 年中央一号文件精神，全面推进乡村振兴，聚焦中央和上海市"十四五"城乡融合、协调发展目标，落实住房和城乡建设部设计下乡的工作要求，根据《上海市农村村民住房建设管理办法》，上海市住房和城乡建设管理委员会会面向社会公开遴选乡村建筑师，组织建立上海市乡村建筑师名录，引导设计下乡，进一步提升乡村风貌和农房建筑设计水平。

乡村服务城市，城市反哺乡村，乡村建筑师制度为城乡同步发展架起一座桥梁，为上海乡村生态宜居建设添砖加瓦。2021 年 6 月 25 日印发的《上海市乡村振兴"十四五"规划》中提出"实行乡村建筑师制度，提高农房建筑设计水平。实施农村低收入户危旧房改造，建立常态化的农村低收入户危旧房改造申请受理机制，巩固提升改造成果，确保农村困难家庭住房安全有保障，加快推进已批实施方案的'城中村'项目改造，新启动一批'城中村'改造，优先实施列入涉及历史文化名镇名村保护的'城中村'"。

乡村责任规划师作为具有规划背景的专业人才，不仅是乡村规划的参与者、组织者，还是乡村愿景的采集员和科普员，更是推动乡村振兴的重要力量。乡村振兴需要规划引领，乡村规划管理是乡村振兴的龙头。建立乡村责任规划师制度，有利于选拔大批专业技术人才投身乡村规划事业，有效解决农村规划建设人才匮乏及乡村规划编制质量不高、脱离乡情、落地难、实施走样等突出问题，对持续提升上海乡村规划水平、推动城乡融合发展起到积极作用。乡村责任规划师制度是推动乡村规划和自然资源治理能力现代化的一种制度创新，同时也是强化镇村地区规划编制、审批、实施、监督全过程闭环管理的重要举措。在规划过程中，乡村责任规划师注重与当地村民的沟通和互动，通过各种形式的座谈、调研等，充分听取意见和建议，提高了公众的参与度和满意度。通过乡村责任规划师的规划和整治，乡村地区的生态环境得到了显著改善。河道治理、垃圾分类、绿化种植、基础设施建设和文化保护等工作的开展，得到了专业化的持续支持。乡村责任规划师还为乡村引入了更多的产业和社会文化资源，为乡村产业提升和文化振兴提供了新模式。

在"生态、生产、生活"全面振兴的目标下，乡村振兴工作是一个持续的过程，因此需要以一种"韧性"的视角来看待工作实施的时序，无须盲目追求创建的快节奏，而应立足于乡村当地的社区，依靠基层社会资源的组织潜力、城乡产业资源的融合模式以及智力资源的平台导入，在时间和空间的统一逻辑上，

渐进式和陪伴式地践行乡村责任规划师的工作职责和担当。尽管目前乡村责任规划师制度获得了一定的政策支持，对乡村振兴起到了一定的推动作用，但部分乡村地区由于资金的限制，尚无法开展一些必要的深入规划和精准整治工作。未来乡村地区需要在"引智下乡"的基础上，充分"引资下乡"，进一步引入多方资源，增大投入力度，引导社会资本参与乡村建设，与乡村责任规划师共同形成合力，促进乡村振兴。

附录：上海 2018—2022 年市级 乡村振兴示范村一览表

2018 年，上海市评选出首批 9 个乡村振兴示范村（见附表 1）。

附表 1　2018 年度上海乡村振兴示范村建设计划名单

序号	区	镇	村
1	浦东新区	大团镇	赵桥村
2	闵行区	浦江镇	革新村
3	嘉定区	安亭镇	向阳村
4	宝山区	罗泾镇	塘湾村
5	奉贤区	青村镇	吴房村
6	松江区	泖港镇	黄桥村
7	金山区	漕泾镇	水库村
8	青浦区	金泽镇	莲湖村
9	崇明区	港沿镇	园艺村

2019 年，上海市评选出第二批 28 个乡村振兴示范村（见附表 2）。

附表 2　2019 年度上海乡村振兴示范村建设计划名单

序号	区	镇	村
1	浦东新区	川沙新镇	连民村
2		周浦镇	界浜村
3		老港镇	大河村
4		泥城镇	公平村
5		航头镇	长达村
6	闵行区	华漕镇	赵家村

续表

序号	区	镇	村
7	闵行区	马桥镇	同心村
8	嘉定区	华亭镇	联一村
9	宝山区	罗泾镇	海星村
10		罗店镇	天平村
11		月浦镇	聚源桥村
12	奉贤区	金汇镇	新强村
13		庄行镇	浦秀村
14		南桥镇	杨王村
15		南桥镇	沈陆村
16		西渡街道	关港村
17	松江区	新浜镇	南杨村
18		石湖荡镇	东夏村
19	金山区	枫泾镇	新义村
20		朱泾镇	待泾村
21		吕巷镇	和平村
22		廊下镇	山塘村
23	青浦区	朱家角镇	张马村
24		练塘镇	东庄村
25		重固镇	徐姚村
26	崇明区	港西镇	北双村
27		三星镇	新安村
28		庙镇	永乐村

2020 年，上海市评选出第三批 33 个乡村振兴示范村（见附表 3）。

附表 3　2020 年度上海乡村振兴示范村建设计划名单

序号	区	镇	村
1	浦东新区	新场镇	新南村
2		祝桥镇	星火村
3		惠南镇	海沈村
4		张江镇	环东村
5		宣桥镇	腰路村
6	闵行区	马桥镇	民主村
7	嘉定区	马陆镇	北管村
8		外冈镇	周泾村
9		华亭镇	毛桥村
10	宝山区	月浦镇	月狮村
11		罗泾镇	新陆村
12		罗泾镇	洋桥村
13		顾村镇	沈杨村
14		罗店镇	张士村
15	奉贤区	柘林镇	南胜村
16		青村镇	李窑村
17		庄行镇	新叶村
18	松江区	泖港镇	曹家浜村
19		泖港镇	曙光村
20		叶榭镇	东石村（兴达村）
21	金山区	张堰镇	百家村
22		亭林镇	油车村
23		金山卫镇	星火村
24		金山工业区	高楼村
25	青浦区	重固镇	章堰村
26		朱家角镇	林家村
27		练塘镇	徐练村
28		赵巷镇	和睦村

续表

序号	区	镇	村
29	崇明区	建设镇	虹桥村
30		庙镇	合中村
31		竖新镇	仙桥村
32		横沙乡	丰乐村
33		绿华镇	绿港村

2021 年，上海市评选出第四批 19 个乡村振兴示范村（见附表 4）。

附表 4　2021 年度上海乡村振兴示范村建设计划名单

序号	区	镇	村
1	浦东新区	惠南镇	桥北村
2		书院镇	外灶村
3	闵行区	浦江镇	汇中村
4	嘉定区	徐行镇	伏虎村
5		工业区	灯塔村
6	宝山区	月浦镇	沈家桥村
7	奉贤区	南桥镇	六墩村
8		庄行镇	渔沥村
9		庄行镇	存古村
10	松江区	叶榭镇	井凌桥村
11	金山区	廊下镇	中华村
12		朱泾镇	新泾村
13	青浦区	重固镇	中新村
14		金泽镇	岑卜村
15	崇明区	陈家镇	瀛东村
16		港沿镇	合兴村
17		建设镇	富安村
18		庙镇	镇东村
19		新河镇	井亭村

2022 年上海市评选出第五批 24 个乡村振兴示范村（见附表 5）。

附表 5　2022 年度上海乡村振兴示范村建设计划名单

序号	区	镇	村
1	浦东新区	老港镇	欣河村
2		惠南镇	远东村
3		川沙新镇	七灶村
4		航头镇	牌楼村
5	闵行区	浦江镇	汇东村
6	嘉定区	马陆镇	大裕村
7		安亭镇	星明村
8		外冈镇	葛隆村
9	宝山区	罗店镇	毛家弄村
10	奉贤区	南桥镇	江海村
11		金汇镇	明星村
12		四团镇	五四村
13	松江区	新浜镇	胡家埭村
14		泖港镇	朱定村
15	金山区	吕巷镇	白漾村
16		廊下镇	中联村
17		枫泾镇	中洪村
18	青浦区	赵巷镇	方夏村
19		练塘镇	东庠村
20		重固镇	回龙村
21	崇明区	竖新镇	惠民村
22		绿华镇	华星村
23		庙镇	联益村
24		中兴镇	爱国村

上海市市级乡村振兴示范村地图如附图 1 所示。

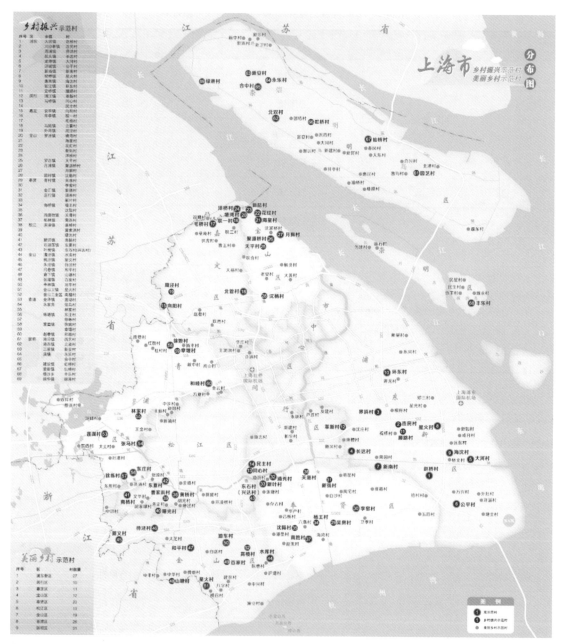

附图 1　上海市市级乡村振兴示范村地图（截至 2022 年）

参考文献

[1] 冯绍霆 . 上海郊区土地改革史料选辑（下）[J]. 档案与史学，2000（4）：23-28+35.

[2] 冯绍霆 . 上海郊区土地改革史料选辑（中）[J]. 档案与史学，2000（3）：31-36.

[3] 冯绍霆 . 上海郊区土地改革史料选辑（上）[J]. 档案与史学，2000（2）：28-34.

[4] 上海市奉贤区委，奉贤区人民政府 . 上海奉贤推进乡村治理体系和能力现代化 [J]. 农村工作通讯，
    2020（16）：7.

[5] 蔡蔚，方志权，陈云，等 . 上海国有企业和社会资本参与乡村振兴的调研报告 [J]. 上海农村经济，
    2022（2）：22-26.

[6] 曹红亮，吴颖静，俞美莲 . 乡村振兴视野下上海近代以来农耕文化的流变 [J]. 上海农业学报，2020，
    36（2）：125-130.

[7] 陈建锋 . 1984 年前上海青浦社队企业的发展历程及历史作用 [J]. 上海党史与党建，2016（4）：17-
    19.

[8] 陈熙 . 大跃进影响下的城乡人口迁移——以上海为中心 [J]. 中国经济史研究，2016（2）：140-153.

[9] 陈先毅，宁越敏 . 大城市郊区乡村城市化研究——以上海为例 [J]. 城市问题，1997（3）：27-31.

[10] 陈裕康 . 上海农村城市化的回顾和展望 [J]. 上海党史研究，1999（S1）：232-235.

[11] 戴承良 . 城乡一体化的乡村旅游模式及发展对策 [J]. 上海农村经济，2011（9）：30-34.

[12] 葛玲，魏箭箭 . 从"伴工互助"到"土地入股"：上海市郊农村互助组的兴起与转变（1951—1953）[J].
    中共党史研究，2019（10）：66-78.

[13] 顾海英 . 鼓励国有企业和社会资本参与乡村振兴的实施路径和政策建议 [J]. 科学发展，2022（3）：
    70-78.

[14] 郭继 . "包"与"不包"的博弈——1976—1983 年的上海农村经济体制改革再审视 [J]. 上海党史与党建，
    2007（5）：25-28.

[15] 郭孟朴 . 上海金山、青浦、松江地区的环境状况和环境生态 [J]. 环境污染与防治，1986（3）：20-
    23.

[16] 姜颖 . 分离抑或融合:20 世纪 50 年代上海市郊土改中的地权变动与城乡关系 [J]. 上海党史与党建，

2020（12）：11-17.

[17]　居晓婷 . 乡村振兴背景下上海市乡村地区规划转型应对 [C]// 中国城市规划学会，重庆市人民政府 . 活
　　　力城乡 美好人居——2019 中国城市规划年会论文集（18 乡村规划）. 北京：中国建筑工业出版社，
　　　2019：162-169.

[18]　刘君德，彭再德，徐前勇 . 上海郊区乡村 - 城市转型与协调发展 [J]. 城市规划，1997（5）：43-45.

[19]　刘璐茜，张劭祯 . 建国初期上海郊区乡村规划探析 [J]. 城市建筑，2021，18（25）：36-41+86.

[20]　欧燕银 . 整治引导自治：大都市郊区的乡村自治发展逻辑 [D]. 上海：华东理工大学，2019.

[21]　彭再德，邹万里 . 上海郊区农村工业可持续发展分析 [J]. 经济地理，1995（4）：69-72.

[22]　乔鑫，李京生 . 近现代乡村规划理论的源与流 [J]. 城市规划，2020，44（8）：77-89.

[23]　阮清华 . 20 世纪 50 年代上海城市人口安置策略研究 [J]. 史林，2019（6）：24-34+216.

[24]　沈开艳 . 上海农村经济改革发展的历史审视 [J]. 上海党史研究，1999（S1）：224-227.

[25]　万崇信 . 上海乡镇企业对市郊农村环境的影响 [J]. 环境科学动态，1994（3）：20-23.

[26]　王德，张正芬 . 上海郊区农村居民点整理的实践与评价 [C]// 中国地理学会，南京师范大学，中国科学
　　　院南京地理与湖泊研究所，南京大学，中国科学院地理科学与资源研究所 . 中国地理学会 2007 年学
　　　术年会论文摘要集 .[出版者不详]，2007：86.

[27]　魏枢，MICHEL J. 大城市远郊区农村建设与乡村旅游发展——以上海金山漕泾镇水库村“休闲水庄”
　　　规划为例 [J]. 上海城市规划，2006（6）：16-19.

[28]　吴静，周升起 . 1958—1961 年上海农民新村建设研究 [J]. 当代中国史研究，2019，26（2）：100-
　　　111+159.

[29]　夏家淇，梁伟，张更生，等 . 上海经济区（江苏片）农村生态环境状况与保护环境的对策 [J]. 农村生
　　　态环境，1985（1）：6-11+70.

[30]　谢士强，曹红辉 . 新时期上海乡村治理的发展现状和突出问题 [J]. 科学发展，2019（4）：77-83.

[31]　熊鲁霞 . 上海郊区农村特色风貌的理解与思考 [J]. 上海城市规划，2006（3）：6-9.

[32]　张莉侠，刘增金，俞美莲 . 上海乡村振兴政策梳理及推进对策 [J]. 农业展望，2021，17（8）：29-
　　　34.

[33]　张晓虹，牟振宇 . 城市化与乡村聚落的空间过程——开埠后上海东北部地区聚落变迁 [J]. 复旦学报（社
　　　会科学版），2008（6）：101-109.

[34]　张玉鑫，熊鲁霞，杨秋惠，等 . 大上海都市计划：从规划理想到实践追求 [J]. 上海城市规划，2014（3）：
　　　14-20.

[35]　张正峰，杨红，吴沅箐，等 . 上海两类农村居民点整治模式的比较 [J]. 中国人口·资源与环境，
　　　2012，22（12）：89-93.

[36] 周建斌.“点、线、面”相结合的新郊区新农村试点先行区规划——以上海嘉定（华亭）现代农业园区规划为例 [J]. 上海城市规划, 2006（4）: 40-43.

[37] 朱宝树, 王桂新. 农村人口转移与城市人口控制——以上海为例 [J]. 经济地理, 1985（3）: 202-206.

[38] 陈锐, 钱慧, 王红扬. 治理结构视角的艺术介入型乡村复兴机制——基于日本濑户内海艺术祭的实证观察 [J]. 规划师, 2016, 32（8）: 35-39.

[39] 单文豪. 奋进中的上海新农村——建国五十年来上海农村经济和社会发展综述 [J]. 上海农村经济, 1999（9）: 23-29.

[40] 范德官. 上海郊区五十年的发展历程和历史经验 [J]. 上海农村经济, 1999（9）: 5-11.

[41] 李莎. 上海传统乡村聚落景观的解读 [D]. 上海: 华东师范大学, 2011.

[42] 廖培添. 现代农业三大体系建设背景下上海农业产业体系演变动因研究 [J]. 湖北农业科学, 2020, 59（13）: 158-162.

[43] 廖培添. 上海现代农业产业体系演变与前瞻研究 [D]. 上海: 上海交通大学, 2020.

[44] 刘红梅, 王克强. 上海市农村集体土地使用权流转发展和特点 [J]. 农业现代化研究, 2001（5）: 317-320.

[45] 沈晓晖, 季浩. 上海都市现代绿色农业政策研究 [J]. 上海农村经济, 2021（4）: 12-14.

[46] 唐一平.“乡村振兴”视角下的浦东川沙连民村提升工程的思考 [J]. 现代园艺, 2022, 45（7）: 129-133.

[47] 王吉磊. 上海郊区先锋农业社农村规划 [J]. 建筑学报, 1958（10）: 24-28.

[48] 王克强, 刘红梅. 上海市农村集体土地使用权流转的历史演变 [J]. 农业经济, 2001（11）: 47-48.

[49] 王玮, 邹伟红. 乡村振兴示范村产业可持续发展对策研究——以上海市郊乡村振兴示范村建设为例 [J]. 上海农村经济, 2021（5）: 22-25.

[50] 俞文彬, 寇怀云. 上海传统乡村聚落空间特征研究 [J]. 城市建筑, 2021, 18（22）: 87-93.

[51] 张务模, 陈恩平, 白尔钿, 等. 上海市农村生态的演变历史、现状与建设 [J]. 上海农业学报, 1990（1）: 95.

[52] 赵艳. 建国以来党的“三农”政策历史演变研究 [D]. 乌鲁木齐: 新疆师范大学, 2009.

[53] 钟荣魁, 王莉娟. 1978—1995年上海市郊农村社会变迁 [J]. 华东理工大学学报（社会科学版）, 1999（1）: 67-73.

[54] 朱哲毅. 上海推进乡村振兴示范村建设的若干思考 [J]. 科学发展, 2021（6）: 97-101+106.

[55] 魏善发. 基于 SPSS 软件分析上海市金山区地表水污染特征 [J]. 中国环境监测, 2013, 29（1）:75-81.

[56] 肖群. 上海市陆域骨干河道水质状况与上游来水关系分析 [J]. 水文, 2009,29（3）:63-65.

[57] 丁远,唐仕峰.金山区水环境污染源调查报告[C]// 上海市水利学会 2009 年学术年会论文集,2009:85-90.

[58] 项鹏海.浅谈上海市金山区吴家浜黑臭河道产生与治理[J].水资源开发与管理，2018（6）:58-61.

[59] 周向频,黄燕妮.江南水乡地区水系景观的生态修复与改造设计——上海金泽镇为例[C]// 中国风景园林学会.中国风景园林学会 2013 年会论文集（下册）.北京：中国建筑工业出版社，2013:261-265.

[60] 胡俊勇.水体在南方郊野公园中优化设计研究[D].长沙：湖南大学,2010.

[61] 徐后涛.上海市中小河道生态健康评价体系构建及治理效果研究[D].上海：上海海洋大学,2016.

[62] 俞孔坚,陈义勇.国外传统农业水适应经验及水适应景观[J].中国水利,2014（3）:13-16.

[63] 汪洁琼,邱明,成水平,等.基于水生态系统服务综合效能的空间形态增效机制——以嵊泗田岙水敏性乡村为例[J].风景园林,2017（1）:82-90.

[64] 姚亦锋.以生态景观构建乡村审美空间[J].生态学报,2014,34（23）:7127-7136.

[65] 宋代风,刘姝宇.德国新建住区针对雨水管理的整合设计[J].建筑学报，2009（8）：86-89.

[66] 王宏侠,丁奇.德国乡村更新的策略与实施方法——以巴伐利亚州 Velburg 为例[J].艺术与设计（理论），2016（3）:67-69.

[67] 杜无名.雨水利用系统在景观设计中的应用[D].昆明：昆明理工大学,2016.

[68] 冀泽华,冯冲凌,吴晓芙,等.人工湿地污水处理系统填料及其净化机理研究进展[J].生态学杂志,2016,35（8）:2234-2243.

[69] Andrzej K, Yohannes N, Meqaunint A, et al. Shaping of an agricultural landscape to increase water and nutrient retention[J].Ecohydrology & Hydrobiology,2011,11（3-4）:205-222.

[70] Baozhu P, Jianping Y, Xinhua Z, et al. A review of ecological restoration techniques in fluvial rivers[J]. International Journal of Sediment Research,2016,31（2）:110-119.